2018年度教育部人文社会科学研究西部和边疆地区青年项目"族群记忆与文化认同：白裤瑶服饰技艺的活态传承及其染织类特需品创新路径研究"（编号：18XJCZH004）的最终研究成果

白裤瑶服饰技艺的

活态传承及其染织类特需品创新路径研究

黄三艳 ◎ 著

西南交通大学出版社
·成都·

图书在版编目（CIP）数据

白裤瑶服饰技艺的活态传承及其染织类特需品创新路径研究 / 黄三艳著. —成都：西南交通大学出版社，2023.2

ISBN 978-7-5643-9172-0

Ⅰ.①白… Ⅱ.①黄… Ⅲ.①瑶族–民族服饰–服饰文化–研究–中国 Ⅳ.①TS941.742.851

中国国家版本馆 CIP 数据核字（2023）第 017757 号

Baikuyao Fushi Jiyi de Huotai Chuancheng ji Qi Ranzhi Lei Texupin Chuangxin Lujing Yanjiu
白裤瑶服饰技艺的活态传承及其染织类特需品创新路径研究
黄三艳　著

责任编辑	吴　迪
封面设计	墨创文化
出版发行	西南交通大学出版社 （四川省成都市金牛区二环路北一段 111 号 西南交通大学创新大厦 21 楼）
发行部电话	028-87600564　028-87600533
邮政编码	610031
网　　址	http://www.xnjdcbs.com
印　　刷	成都勤德印务有限公司
成品尺寸	170 mm × 230 mm
印　　张	13.25
字　　数	194 千
版　　次	2023 年 2 月第 1 版
印　　次	2023 年 2 月第 1 次
书　　号	ISBN 978-7-5643-9172-0
定　　价	59.00 元

图书如有印装质量问题　本社负责退换
版权所有　盗版必究　举报电话：028-87600562

序

白裤瑶是瑶族的一个分支，自称"布诺"。因其男子穿白裤而得名，主要分布在广西南丹县里湖瑶族乡、八圩瑶族乡以及贵州荔波县等地。白裤瑶虽然只有3万多人，却以其独特的婚恋文化、陀螺文化、歌谣文化、服饰文化与丧葬文化而闻名海内。同时，由于其"隐居"于广西与贵州交界的崇山峻岭深处，他们的文化几乎未受现代文明的影响，因而保存完好，被联合国教科文组织（UNESCO）认定为"人类文明的活化石"。

广西著名的民族学者廖明君将白裤瑶称为"石头山上有人家"，这是对白裤瑶生活的真实写照。白裤瑶的房子大都建在傍山的岩石之上，一间简陋的土房几乎悬空而起，大门对着空旷的山涧，人出入却走侧门，大门口由于光线良好，摆着一个巨大的织布机，这算是一个白裤瑶家庭最大的家具了，外加一张简易的床以及屋内中间常年不息的火塘，这就是一个家。即便是如此简陋的生活条件，白裤瑶人却生活得别有情趣，他们斗鸟、打陀螺，玩得不亦乐乎。更有那充满诗情画意的"细化歌"，让你永远想不到它们出自一个被称为"活化石"的民族。他们唱到："风从遥远的天上下来/茫茫人海我们不期而遇/我这么平凡/你却如此看重我/感动得落泪了/你就像天上飘扬的云/偶尔在这里停留/它会飞走的/就像毛毛细雨/只会把石板路打湿/泥土却不会湿/你从太阳升起的地方来/不知道什么原因/你来到我身边/这是个平常的地方/没有什么土地/只能种苞谷和玉米/我不敢请你到我这儿来/我穿的是土衣布裤/中午我吃的是稀饭/晚上我还是喝稀饭/我只能给你我的纯净的祝福……"歌中有直抒胸臆的情感表达，也有象征性的隐喻，以景喻情，以情感人，情景交融中让我们似乎看到了白裤瑶的多情姿态。其写作方法让人不禁想起了《诗经》，仿佛隐隐也有"赋、比、兴"的手法在其中。"赋者，敷也，敷陈其事而直言之者也。""比者，以彼物比此物也。""兴者，先言他物以引起所咏之词也。"瑶歌中的"风从遥远的天上下来，茫茫人海我们不期而遇"，不就是比兴手法吗？我因为科研考察的需要曾经买过一位白裤瑶年轻妇女织造的背牌和吊饰，付钱时加了她的微信，她每天都发朋友圈，从中我看到了一位多情女子对远离家乡打工的丈夫的思念以及略带娇羞的怨念。白裤瑶男女的多情与诗性情怀由此可见一斑。

当然，白裤瑶之所以引起世人关注，还在于它别具特色的服饰艺术。传统的男子着装是头缠黑白二色头巾，上身着藏青色土布上衣，衣袖短衫，领襟相连，既无钮扣，也无系带；下身穿绣有五条红色手指印的白色火焰裤，裤管齐膝，裤档特大。女子则上身穿着背部绣有瑶王印的贯头衣，下着飘逸的百褶裙。传统的女子着装十分简朴，其贯头衣实际上无袖，只以前后两片布穿搭而成，因此有些学者又称其为"两片瑶"。

由于白裤瑶独特的服饰艺术及其他一些风俗习惯，很多学者都对它进行了考察与研究，比如廖明君著有《石头山上有人家——广西南丹白裤瑶文化考察札记》（2006）、玉时阶著有《白裤瑶社会》（1989）、周少华著有《白裤瑶传统服饰技艺与文化》（2019）、谢明学主编有《中国白裤瑶风情录》（2001）、朱荣等著有《中国白裤瑶》（1992）等。2015年当我带着科研团队再次进入白裤瑶家居区时，发现白裤瑶人的生活竟然与20世纪90年代学者书中描述的没有多大变化，仿佛这个信息化的社会并未对他们产生多大影响，他们还是那个石头山上的人家，面对这大千世界的变化波澜不惊。这引起了我们浓厚的兴趣，我在当年就写了一篇论文《白裤瑶服饰技艺与文化内涵解读》并发表于核心刊物《丝绸》上，部分内容已收入本书。我们团队的成员黄三艳老师基于其对传统艺术的敏感，以及对于服饰文化的兴趣，在第二次考察白裤瑶后不久就向教育部提交了项目申报书，项目名称为"族群记忆与文化认同：白裤瑶服饰技艺的活态传承及其染织类特需品创新路径研究"，并有幸获得立项，项目编号为 18XJCZH004。

经过四年持续深入地考察白裤瑶居住区，团队成员对白裤瑶的服饰文化有了全面的了解，并基于非物质文化遗产传承与保护的视角，对其传承与创新发展策略与路径进行了深入探讨。其著作完成后委托我为她写序。从其项目的完成情况来看，黄三艳老师还是下了功夫的，无论是在实证研究，还是在理论构建上均有可取之处。尤其是其后面提出的一些创新发展路径，对于白裤瑶服饰技艺的活态传承与可持续性发展还是非常有学术价值和实践意义的。比如她提出在传承"核心技艺"的基础上，对白裤瑶服饰艺术进行创造性转化与创新性发展，这对于其他类型的非物质文化遗产的保护与传承也是适用的。

刘世军

广西师范大学设计学院教授、博士生导师

2022 年 4 月 30 日于桂林雁山园

第四章 族群记忆：白裤瑶服饰的文化象征意味考察

第一节 关于象征人类学 ………………………………………… 093

第二节 白裤瑶服饰的装饰特征 …………………………………… 094

第三节 身体装饰的多元文化表达：白裤瑶服饰的象征人类学意味考察 …………………………………… 099

第五章 文化赓续：白裤瑶服饰技艺的活态传承研究

第一节 非物质文化遗产的活态传承 ……………………………… 112

第二节 白裤瑶服饰技艺的活态传承现状 ………………………… 125

第三节 白裤瑶服饰制作工艺的传承困境与活态传承策略 ……… 126

第六章 创新发展：白裤瑶染织类民族特需品发展路径探讨

第一节 关于非物质文化遗产与民族特需品 …………………… 132

第二节 生产性保护：白裤瑶染织类民族特需品的内生发展路径 ……………………………………………… 142

第三节 外扩驱动：白裤瑶染织类特需品的外生路径举要 ……… 161

参考文献 ………………………………………………………… 162

致 谢 ……………………………………………………………… 165

183

194

202

目录

绪 论 ……………………………………………………… 001

第一章 人类文明的活化石：白裤瑶的前世今生

第一节 白裤瑶的历史来源考 ……………………………… 007

第二节 白裤瑶的现状：人口分布与村寨组织 …………… 009

第三节 白裤瑶的习俗与自然崇拜观 ……………………… 014

第二章 别具风情：白裤瑶的装扮特征 ………………… 021

第一节 褂衣花裙：女性传统服饰装扮 …………………… 035

第二节 及膝白裤：男子传统服饰装扮 …………………… 037

第三节 儿童服饰 …………………………………………… 043

第三章 染绣结合：白裤瑶染绘技艺探微 ……………… 049

第一节 制纱织布 …………………………………………… 055

第二节 "斑斓勃窣"之靛染技艺 …………………………… 056

第三节 双数针㧜绣衣纹 …………………………………… 065

第四节 手拃量法制成衣 …………………………………… 076

绪 论

一

瑶族源于"九黎"和"三苗",后从黄河流域迁徙往长江流域,史称"五溪蛮"。现在,瑶族主要栖居于我国广西、贵州、湖南、云南等地区,尤其以广西最多,约占全国瑶族总人口的60%。瑶族的服饰样式之多、装束之奇特,为国内其他地区少数民族之少见,即便同一支系也服饰迥异,如广西贺州瑶族又分为过山瑶、土瑶、平地瑶等,金秀地区则有茶山瑶、山子瑶、花篮瑶、坳瑶等,每个族群服饰都各具特色,因此引起了国内外众多学者的关注,其中德国来华传教士莱斯齐纳尔(1911)是有发轫之功的。其后引起中国学者的注意,1928年夏天,中央研究院社会科学研究所派严复礼、商承祚到广西凌云调查瑶族。同年,中山大学组织专家对广西大瑶山进行了一次大规模的田野考察,1929年印发的《广西瑶山两月观察记》是这次调查的成果表现。1931年,庞新民、李方桂、姜哲夫也曾深入广西瑶山进行调查,对当地瑶族首次进行了文化比较研究。1935年秋,燕京大学派费孝通、王同惠到广西象县进行瑶族调查,遂有《广西省象县东南乡花篮猺社会组织》的问世。此后,费孝通先生曾八上瑶山,写下了大量瑶族生活与服饰方面的论文,为后世留下了宝贵的一手材料。其后,凌纯声(1936)、杨成志(1936)、徐益棠(1935)、江应樑(1937)等陆续发表了一系列有关瑶族的研究报告。

20世纪50年代以来,随着国家民族事务委员会对民族问题的重视,以及民族学者的关注,再加上国外学者如苏联人类学家伊茨、切博克萨洛夫,日本的白鸟芳郎、竹村卓二、田畑久夫和金丸良子,韩

王同惠《广西省象县东南乡花篮猺社会组织》

国学者金仁喜、金希善等的加入，瑶学研究逐步走向繁荣，形成了一支包括内地、港澳及海外研究者在内的瑶学研究队伍，研究成果显著，集中体现在以下几大方面：

（1）跨文化、综合性研究专著不断涌现。早期的研究学者，如费孝通（1936）、塞巴斯汀（1925）、伊茨（1957）、胡起望（1983）、范宏贵（1983）、牛荣（1992）、蒲朝军（1992）等主要是从文化人类学的角度，将瑶族服饰作为一种族群文化特征去描述，研究其在族群生活与生产方面的意义。

（2）瑶族服饰研究的广度和深度不断提升，一批研究瑶族不同支系服饰特色的成果陆续问世，深入探讨瑶族服饰文化变迁的成果不断涌现。其中以玉时阶（2005，2009）用力最勤，其研究著作不仅涉及广西瑶族各支系服饰特色，也涉及其不同支系之间的联系及其文化变迁。郑威、余秀珍（2007），梁汉昌（2011），伊涛（2011）、徐平（2006）等均从文化变迁的角度对瑶族服饰展开了有益的探索。

（3）从图像学与技术美学角度出发，深入挖掘瑶族服饰纹饰意味及其制作工艺特点的成果日渐丰富。国外学者捷夸拉因（1971）、福赛思（1982）侧重于对泰国北部等一些亚洲瑶族的服饰纹饰特征与制作工艺的考察。国内学者如龙雪梅、盘志辉（2009），张洁（2007），莫碧芸（2009），汤桂芳（2012），何宁（2010），韦文翔、魏迁（2012），赵康男（2013），孙颖（2013）等，则侧重于从科技与应用人类学的角度对瑶族服饰的纹饰特色，以及瑶族刺绣、印染等制作工艺进行了探讨。

（4）从非物质文化遗产保护角度出发的研究成果开始出现。自2006年广西贺州瑶族服饰和南丹白裤瑶"瑶族服饰"共同被列入国家第一批非物质文化遗产名录（编号Ⅸ—67）以来，当地学者们陆续开始从非物质文化遗产角度对此展开了研究，比如何志忠（2008）、彭家威（2007）、郑威（2012）、莫志东（2011）、雷文彪（2012）、玉时阶（2012）等。他们的研究方向多专注于生态博物馆、图书馆、档案馆对非物质文化遗产保护的意义。

二

白裤瑶是瑶族中的一个分支，据史料记载明朝前就进入贵州荔波、广西南丹一带繁衍生息，是一个以狩猎为主的少数民族，迄今还保留着狩猎的习惯。这个少数民族风情古朴沉郁，历史悠久，是最神秘、最奇异、最令人遐想的古老民族之一，其服饰文化、婚恋文化、歌谣文化、丧葬文化、铜鼓文化、陀螺文化、酒文化等都保存得非常完整，内涵也非常丰富。白裤瑶被联合国教科文组织认定为民族文化保留最完整的一个民族，是"人类文明的活化石"。

在白裤瑶诸多文化中以其服饰艺术最为突出，男子着白色及膝的灯笼裤，女子则上身穿绣有盘王大印的贯头衣，下身穿制作精良、造型飘逸的百褶裙，颇具原始气息。其染织技艺也十分独特，至今仍保留着一套完整的手工制作技术。一套完整的白裤瑶服饰需要耗时一年半的时间才能完成，因为它每一道工序都受季节的影响，比如其防染剂粘膏必须在农历四五月份才能采集。她们自己养蚕、织布，自己用粘膏靛染土布，自己画图案、纳针刺绣，经过三十多道工序，一套传统服饰才算正式完成。因此，白裤瑶服饰分别入选2014年国家级非物质文化遗产保护名录和2014年版少数民族特需用品目录。

白裤瑶这一独特的服饰装扮也由此引起国内外学者们的注意，笔者以"白裤瑶服饰"为关键词在知网上导入，列出有关研究文章109篇，从时间上来看最早对其展开研究的主要是本地学者，如廖明君、温远涛、玉时阶等。随着2011年《中华人民共和国非物质文化遗产法》颁布施行，促使非物质文化遗产的保护与发展上升到国家法律制度层面，非遗项目"白裤瑶服饰"的研究发文量持续上升，2020年达到小高峰增至12篇，预计随着国家2035年文化强国建设的目标需要，该领域研究成果将会持续稳步递增。另外一些学者则主要从服饰艺术活化角度进行设计创新研究。

笔者从2015就开始追踪白裤瑶服饰的传承状态，多次深入南丹里湖乡白裤瑶生活区调研，可以明显感觉到随着时代的变迁，其原生文化也像其他少数民族一样正在经历着裂变。2021年，我们在其集市上看到现代化的针织机已经搬进了白裤瑶生活区，集市上已经开了三家用现代纺织技术织造白裤瑶民族服饰特需品的店面，进店采购的白裤瑶人也是络绎不绝。这让我们不得不担心，白裤瑶服饰是否也像其他少数民族文化一样，最终将会被同化。

习近平总书记曾指出，优秀传统文化是一个国家、一个民族传承和发展的根本，如果丢掉了，就割断了精神命脉。因此，我们研究团队以"族群记忆与文化认同：白裤瑶服饰技艺的活态传承及其染织类特需品创新路径研究"为题，向教育部社科司提交了课题立项申请，并于2018年获得立项。课题以列入2014版少数民族特需品和国家级非遗名录中的广西南丹白裤瑶"瑶族服饰"为研究对象，通过对其历史背景、文化内涵、服饰符号等方面进行全面梳理，探讨其对于凝聚族群记忆与文化认同中的意义。同时，通过比较同类民族特需品的现代发展路径，找到发展启示，最终构建白裤瑶服饰的活态保护路径及其染织类特需品创新发展机制及路径。

从学术价值上来看，第一，本课题从"活态传承"这一关键问题切入，从"族群记忆"和"文化认同"角度出发，研究白裤瑶服饰在族群生活中的意义，深化了课题的研究内涵。第二，从协同发展角度出发，认同民族特需品在发展过程中的多文化粘结，强调跨国家、区域的协同创新保护。第三，十八大报告提出要"建设优秀传统文化传承体系，弘扬中华优秀传统文化……引导群众在文化建设中自我表现、自我教育、自我服务"。在这个意义上，本课题的研究具有强烈的时代性与针对性，它对于弘扬"中华传统文化"，保护地方非物质文化遗产具有重要的意义。第四，本课题不仅进行静态保护研究，更重视动态保护研究，探讨了生产性与生活性保护策略对传承非物质文化遗产的意义，开拓了非物质文化遗产保护的新领域。

从实际应用价值来看，第一，白裤瑶服饰艺术的传承与发展有助于增强瑶族人民的文化自豪感和民族向心力，强化少数民族的文化身份意识，增强社会和谐与稳定。第二，通过构建白裤瑶染织类特需品发展传承机制，可形成一定的文化艺术产业，促进当地社会经济的发展，为白裤瑶染织类特需品发展提供方法论指导。

PART ONE
第一章

人类文明的活化石：
白裤瑶的前世今生

瑶族历史悠久,在漫长的历史长河中,其发展的支系有十个以上,主要分布在广西、广东、湖南、云南、贵州等大山区里。而白裤瑶是其中一支,自称"布诺",因男子穿齐膝白裤,故称为"白裤瑶"(见图1-1)。主要聚居在广西河池市南丹县里湖、八圩瑶族乡和贵州省荔波县朝阳区瑶山乡一带,总人口3万多。憨厚、朴实、勤劳、勇敢的白裤瑶群众,以其独特的婚俗、葬礼、服饰等多姿多彩的民族风情而备受世人关注。自2006年白裤瑶族服饰被列入非物质文化遗产名录,白裤瑶族服饰也逐步走向大众视野,更引起学术界的关注。白裤瑶没有自己的文字,其语言属于汉藏语系苗瑶语族苗语支。

图1-1　去参加葬礼的白裤瑶车队

　　白裤瑶服饰以其独特的造型特点和色彩搭配体现了其源远流长的民族文化,其造型也是白裤瑶族人审美趣味的最直观体现。如清代李琰《庆远府志》说,南丹土州"猺人居于猺山,男女皆蓄发。男青短衣、白袴、草履;女花衣花裙,短齐膝"[①]。时至今日,白裤瑶大多数人仍喜欢穿自己制作的民族服饰,因而到现在还保留了白裤瑶族群一直以来的形象。白裤瑶服饰图案极具特色,色彩古朴厚重、朴素典雅,是对大自然的再现描绘。其独特的染织技艺是白裤瑶民族智慧的结晶,是瑶山不老的艺术形式。白裤瑶服饰纹样来源于他们紧密生活的自然环境中,同时与白裤瑶的历史变迁、发展息息相关,受当地社会环境、生活、审美等诸多因素的影响。

---

① (清)李文琰. 庆远府志·杂志类·琐言:卷10[M]. 乾隆十九年(1754)刻本.

第一节　白裤瑶的历史来源考

中华人民共和国成立前，白裤瑶是一个仍保留着原始氏族公社部分形态的民族，明显表现就是"油锅"组织的存在。作为瑶族的一个支系，白裤瑶社会生态保存良好，他们在广西与贵州的边界生存繁衍，在遥远的深山岩石上演绎着原始的文化，关于它的历史也一直是一个谜。

一、古文献中的瑶族历史

瑶族经过千百年来的迁徙、繁衍和发展，成为了典型的山地游耕民族。"瑶"较早见于《山海经·大荒东经》："帝舜生戏，戏生摇民。"这是关于瑶族最早的记录。历史上，瑶族的迁移，不是单向迁移，而是逐步扩散的。瑶族的称呼，可以追溯到魏晋南北朝时期。当时他们被称为"莫徭蛮"，活跃于古代中国南方，即今湖南西南部、东部，以及广西北部、广东北部等地。"莫徭"一词最早见于《梁书·张缵传》，其中记载"州界零陵、衡阳等郡有莫徭蛮者，依山险居，历政不宾服，因此向化"。由此可知，瑶族最早称"莫徭"。瑶族祖源可追溯至先秦时期的"荆蛮"，由于受到封建王朝的压迫和民族歧视，一部分被迫向南、向西迁徙，形成后来的长沙武陵蛮和零陵蛮、桂阳蛮。其中，长沙武陵蛮原始居住在长沙、武陵两郡，也称五溪蛮，与瑶族关系最为密切。《后汉书》卷八十六注引干宝《晋记》曰："武陵、长沙、庐江郡夷，槃瓠之后也，杂处五溪之内。"唐代的《通典》卷一八七亦云："其在黔中、五溪、长沙间，则为盘瓠之后。"马端临在《文献通考》卷三二八中记曰："盘瓠种，长沙、五溪蛮皆是也。"由此可知，先秦时期瑶族先民就在湖南境内居住，其中以湖南零陵、长沙、武陵等郡为瑶族先民的聚居中心。又据《隋书·地理志》中记载：在武陵、熙平等郡内的山区中有一支"莫徭"，"其男子但著白布裤衫，更无巾裤，其女子青布衫，斑布裙，通无鞋履"。这与今天的白裤瑶族服饰极为相似，至今白裤瑶男子穿白裤衫，女子着彩裙。这说明隋唐时期白裤瑶先民就已经迁徙至湖南的武陵,广东熙平郡(即今天的连州)等地区生活。

到了宋代,部分瑶民向两广迁徙。宋代范成大《桂海虞衡志》记载:"猺,本五溪槃瓠之后。其壤接广右者,静江之兴安、义宁、古县,融州之融水,怀远县界,皆有之。至深山重溪中,椎髻跣足,不供征役,各以其远近为伍。"①此记载说明,宋时瑶族迁徙进入广西地区,主要分布在兴安、义宁、古县、融水、怀远县界等地的深山老林中。周去非在《岭外代答》中则更为详细地记载了瑶族的分布、称谓、聚落、服饰、饮食、生产等内容,其中关于"猺人"的描述写到:

猺人者,言其执猺役与中国也。静江府五县与猺人接境,曰兴安、灵川、临桂、义宁、古县……

猺人椎髻临额,跣足带械,或袒裸,或鹑结,或斑布袍袴,或白布巾。其酋则青巾紫袍。妇人上衫下裙,斑斓勃窣,惟其上衣斑文极细,俗所尚也。地皆高山,而所产乃辎重,欲运致之,不可肩荷,则为大囊贮物,以皮为大带挽之于额,而负之于背,虽大木石亦负之背。

猺人耕山为生,以粟、豆、芋魁充粮。其稻谷无几,年丰则安居巢穴,一或饥馑,则四出扰攘。土产杉板、滑石、蜜蜡、零陵香、燕脂木。②

从上面的文献资料,我们可以更为详细地知道瑶族在宋代,就已经居住在广西境内。作为瑶族的一个分支,白裤瑶发展至今,经历了数千年频繁与复杂的迁徙,由于历史久远,史料匮乏,加上历史上没有自己的民族文字,想要追根溯源,是很难下定论的。相关考古发掘和文献记载表明,在两宋时期,就有许多少数民族部族在南丹这里繁衍生息了。白裤瑶是因男子常年穿

---

① (南宋)范成大. 桂海虞衡志[M]. 胡起望,校注. 北京:中华书局,1986:183.
② (南宋)周去非. 岭外代答校注[M]. 杨武泉,校注. 北京:中华书局,1999:118-119.

白色紧膝五指裤，包白头巾，裹里白外黑绑带而得名。其实，瑶语自称"朵努"，白裤瑶属他称，是其他民族看到其男子穿白布裤而将其命名。

据文献记载，宋代开宝七年（974），建南丹州，为南丹现名之始，白裤瑶从宋代开始就已经迁到南丹一带生活了。《宋史·蛮夷列传·南丹州蛮》记载："熙宁二年（1069）猺贼杀人，世忍执以献，授检校礼部尚书。"可以说，这是最早有史籍记载南丹有瑶族的。《宋史》卷四九五亦载："广西所部二十五郡，三方邻溪峒，与蛮猺、黎、蜑杂处。"说明在宋代，一定数量的瑶人迁徙进入广西各地居住。元代，由于战乱，以及封建王朝的压迫和民族歧视，瑶族被迫大量迁往两广腹地。自此以后，瑶族过着迁徙不定的游耕生活，"所居之处，不四五年即迁"①。

千百年来，白裤瑶一次又一次地被迫迁徙，由于经常与其他民族争夺土地与资源，再加上历朝历代的征剿，瑶族才迁徙到环境恶劣的大山林里居住。他们翻过一山又一山，"入山唯恐不深，入林唯恐不密"，过着开垦荒地、狩猎为主的山地游耕生活。宋代周去非在《岭外代答》中所说，"山谷弥远，猺人居多"。这种刀耕火种的游民生产，至今我们在白裤瑶比较偏远的地区仍可见到。

经过以上对史料的梳理，可以得出结论：至少在隋朝白裤瑶人就已经进入了两广一带生活，其先民随着瑶族社会的大迁徙而陆续迁入广西和贵州，最后定居于现在的广西南丹和贵州荔波境内，并在此繁衍生息，现约三万人。

二、口述史中的白裤瑶

瑶族是一个跨境民族，大多数分布在我国境内，主要分布在广西、湖南、云南、广东、贵州、江西等地。从上文罗列的文献来看，瑶族起源于黄河长江中下游一带，源于"长沙武陵蛮"或"五溪蛮"。随着迁徙，瑶族形成了

---

① （清）汤大宾. 开化府志：卷9[M]. 乾隆二十年（1755）刻本.

不同支系，而白裤瑶是瑶族其中一个支系，因男子穿白色紧膝灯笼裤而得名。据八圩朝房瑶胞黎延根说："传说古代服饰与汉族无异，后来因受他族压迫歧视，出街买卖东西，时常被打，瑶人起而反抗。但在斗争中往往敌我不分，自己打死自己人。为了区别，后来他们在头上扎了一条白巾，但别人也跟着扎，每逢集圩群殴，仍不断发现打死自己人，后又想办法，改为穿白裤，故有白裤瑶之称，后来子孙世代沿用未改。"依老一辈说："改了装就会消灭自己，不发人口。"这些口传下来的说法，根据白裤瑶的历史看，是比较合理的。①

从家族族谱及口述史研究出发，亦有相对稳固的证据证实白裤瑶先人曾居住于黄河中下游地区，尤其是占白裤瑶主体地位的黎姓和蓝姓的口述史传说所叙述的族源比较清晰。如八圩乡瑶寨村洞口屯黎文富说，他们黎姓的先人本来栖居于北方地区，大约于春秋战国时期，由于战乱而南迁。其先祖最初迁徙于贵州的平虎寨一带，在那里他们大约生活了二三百年，最后由贵州搬迁到广西的南丹，此后一直定居于此。里湖瑶族乡原乡长黎真龙说，黎姓的先民曾栖居于河南省漯河及驻马店地区，后来由于避战乱而南迁于此。蓝姓在白裤瑶里是大姓，其族源更加明确一些，其代代相传的口述史也为我们研究白裤瑶史提供了依据。八圩乡汉度村一些老人对白裤瑶史记忆犹新，比如已经八十多岁高龄的蓝荣华说："年轻时听我公和爸爸说，最早迁到南丹的是白裤瑶人。北宋狄青南下征剿南蛮，才不断有其他少数民族迁入。两宋年间，有个莫氏财主来到南丹，为了官位和地盘与我们白裤瑶的头人发生争执。后来莫家财主使诈，借联亲之计，把我们瑶族头人的大印骗走，从而当了土官，最终狠心把我们白裤瑶人驱逐到深山野林中居住。因此，我们白裤瑶为了纪念头人在衣服背部印上了盘王印。"他还说："广西其他地方少数民族的蓝姓和我们南丹白裤瑶的蓝姓是共一个祖先……听老一辈说，我们蓝

---

① 广西壮族自治区编辑组. 广西瑶族社会历史调查：九[M]. 北京：民族出版社，2009：78.

家祖先源自山东的洞桌与河南汝南一带。"①

由于经济生产落后,白裤瑶对自然界万物崇拜至深,因而鬼师在白裤瑶现实生活中占有神圣的地位。我们从鬼师的念词中,也可以侧面了解白裤瑶的起源。白裤瑶鬼师念词中说,早年,白裤瑶的老祖宗是从江苏糯米街来到贵州独山。而当地人也说,他们的祖宗先到独山,并在水塘中沉藏磨刀石作记号,白裤瑶人下水摸不到磨刀石,只好作罢,搬迁到了荔波的小七孔居住,奈何小七孔跳蚤太多,只好搬到纪马村,在纪马村粮食又不够吃,最后才搬到蛮降屯,据传白裤瑶在蛮降屯建村已有十余代人。这些传说已无法考证,但有一点是可以肯定,即居住在南丹县里湖瑶族乡蛮降屯的白裤瑶是从外地迁来的,他们不是本地的原住民族。

据白裤瑶一位74岁老人陆志庚说,在乾隆时期,村子里就开始铺石板路了。在怀里村东部的公共墓地里,有白裤瑶头人黎前当的墓,墓前立有碑文,正文是"皇清新故寿化显考头人黎前当墓",上款是"生于乾隆五十年(1786年)庚戌,殁于咸丰□□□",根据墓上碑文可以推断,蛮降、怀里等村寨建村的年代至少在清乾隆年间,也有可能更早,因为在怀里、化图等村寨附近山上发现岩洞葬多处,其随葬品中有宋朝瓷碗和明代丝织品。②根据洞葬的随葬品可知,白裤瑶至少宋代就在南丹生活了。《南丹县志》中也有关于白裤瑶迁徙的历史:"据历史资料记载及白裤瑶老人讲述,白裤瑶在宋前就已从湖南、贵州两省迁到广西南丹,居住在八圩、里湖一带的千山壑中。"③

三、小结

综合流传下来的口述史以及一些考古材料,我们可以推测,白裤瑶源自

---

① 以上为课题组成员调研时,采访当地年事高的寨老所获得的一手材料。
② 廖明君. 石头山上有人家——广西南丹白裤瑶文化考察札记[M]. 南宁:广西人民出版社,2006:32-33.
③ 南丹县地方志编纂委员会. 南丹县志[M]. 南宁:广西人民出版社,1994:97.

于黄河流域中下游，后经战乱、民族压迫及族群发展的需要，不断南迁，先是居住在湖南零陵、长沙、武陵等郡，后来由于与汉族的纷争、朝廷的征伐，他们不断往西南地区迁徙。由湖南入两广、贵州、云南。白裤瑶人正是随着这股迁徙的潮流，进入贵州独山一带生活，宋代以后，由于与布依族人产生矛盾，大部分白裤瑶人进入广西河池的南丹一带定居。这里处于广西腹地，山高岭远，几乎与世隔绝。

第二节 白裤瑶的现状：人口分布与村寨组织

白裤瑶自古以来是一个以刀耕火种为主的山地农耕民族，有着自己独特的民族传统文化。白裤瑶民族主要聚居于黔桂接壤地区，位于云贵高原东南边缘一带的大石山区，地处东经约107°33′~107°52′，北纬24°53′~25°18′，即广西西北部的南丹县里湖瑶族乡（见图 1-2）、八圩瑶族乡和河池市拨贡乡，以及贵州省荔波县瑶山乡一带，现总人口三万多。其中，南丹县的里湖、八圩两个瑶族乡，是白裤瑶居住最为密集的地方，被称为"中国白裤瑶之乡"。据1982年中华人民共和国第三次人口普查统计，居住在南丹县的白裤瑶共约2万人，其中里湖白裤瑶约9 800人，八圩有白裤瑶约8 200人，这两个瑶族乡占南丹白裤瑶总人口约90%。另外，广西河池市拨贡乡的白裤瑶约600人，还有部分白裤瑶散居在南丹县车河乡的车河村、南胃村、八步村，芒场乡波鸾村、磨岩村、小场乡的恩村、关上村、拉所村等。

在历史发展的长河中，白裤瑶至今仍保留着原始氏族公社的部分形态，其中，"油锅"就是带有民族传奇色彩的一种组织，执着的白裤瑶人坚守着世代沿袭下来的风俗习惯，由此而创造了他们独具魅力的民族文化。

图 1-2 南丹里湖镇蛮降屯

一、人口分布与生活环境

（一）生活环境

白裤瑶多聚居在云贵高原南部，属大石山区，全境海拔较高，地形狭长，境内重峦叠嶂，峰峦险阻，地势起伏不定，平均海拔在 700~1 200 米。人们常说："白裤瑶家住深山，群峰重叠把路拦，猴子难跃千道涧，鸟儿难飞万重山。"这是对白裤瑶居住环境的形象描绘。《庆远府志》对此地有载:"无三里之平原,有千尺之险隘。"①这从另一个角度描述了白裤瑶人生存环境的恶劣。白裤瑶居住地因山地多平地少,加之为喀斯特地貌、水资源缺少、旱地较多等缘故,主要以种植玉米为主,辅以水稻、小米、黄豆、火麻等经济作物。

白裤瑶主要聚居在南丹县的里湖和八圩两个瑶族自治乡。地处我国广西壮族自治区河池市的南丹县,是黔、桂、川、滇等地的纽带。全境面积达3916.62平方千米,涉及13个乡镇。南丹县山高坡陡,沟谷纵横,交通闭塞,自古以来被视为畏途,有"河池南丹,有钱难返"之说。②从整体上看,地势呈东北向西南倾斜的状态。该地区的山峦环绕,海拔在800~1 000米,是喀斯特地貌,山峰高大笔直,山峦起伏绵延,天坑众多,地下洞穴密密麻麻地交织在一起。各种石瀑布、卵石等遍布洞穴中。另外,南丹县遍布着地壳演化的裸露带,树木郁郁葱葱,各种奇景浑然于一体,形成神奇秀丽的自然风貌。

(二) 人口分布

南丹历史悠久,宋置南丹州,元改南丹安抚司,明复称南丹州,清称南丹土州,民国7年改州置县至今。③最早在殷、周时期,就已经有人在此地生存和繁衍。到了秦汉时期,此地被称为蛮地。宋开宝七年(974)七月,壮族土酋返宋,将此地改名为南丹州。南丹县生活着多个民族,计有壮族、汉族、苗族、毛南族、瑶族、仫佬族等11个民族。其中,白裤瑶文化极具特色,婚丧、饮食等习俗丰富而奇特。

里湖瑶族乡位于广西南丹县东北部,全乡总面积383.75平方千米。地处云贵高原东南麓的尾端,东邻广西环江县木伦乡和贵州省荔波县,西接芒场

---

① (清)李文琰. 庆远府志:卷1 [M]. 乾隆十九年(1754)刻本.
② 南丹县地方志编纂委员会. 南丹县志[M]. 南宁:广西人民出版社,1997:4.
③ 南丹县地方志编纂委员会. 南丹县志[M]. 南宁:广西人民出版社,1997:1.

镇和城关镇，南连八圩瑶族乡，北面是贵州省荔波县的瑶山乡和驾欧乡。乡境属于岩溶峰地貌，四周低，中间高，境内山岭连绵起伏，山岭之间有些谷地丘陵，平均海拔在 800~1 000 米。气候温润，冬无严寒、夏无酷暑，年平均气温 16.9℃，气候宜人，境内主要河流有里湖河。全乡有 13 个村委会、204 个经济合作社，居住着瑶、壮、汉、苗、水、毛南等民族，总人口为 17 731，其中白裤瑶有 11 133 人，占全乡总人口的 62.8%。

八圩瑶族乡位于南丹县东南部，东与环江县交界，南与河池市接壤，西南与车河镇毗邻，北与里湖乡相连，总面积 496.2 平方千米。乡政府所在地距离县城 36 千米，距河池市 70 千米。黔桂铁路贯穿境内五个村委。全乡现有 1 个社区、15 个村委会、241 个自然屯。2015 年末总人口为 24 689，其中白裤瑶有 11 778 人，占全乡总人口 47.7%。全乡现有耕地面积 19 856 亩①，其中水田 6 144 亩，旱地 13 712 亩。

荔波县瑶山瑶族乡，位于贵州荔波县南部，东与翁昂乡接壤，南与捞村乡毗邻，西北与驾欧乡相连，东北与朝阳镇接通，西南与广西壮族自治区的南丹县里湖瑶族乡地界犬牙交错，总面积 110 平方千米。乡境内地势东高西低，东部海拔 800~1 100 米，西部海拔 500~800 米。全乡地面起伏不平，尽皆崇山峻岭，地貌情况复杂，以岩溶地貌为主，岩山、溶洞、石林、谷地杂间其中。2012 年年底，全乡有 46 个村民小组，总共 1 538 户 6 106 人，瑶族占全乡人口 46.6%。拉片村是全村均为瑶族聚居的少数民族村寨，全村有 12 个村民小组，总共 432 户 1 674 人，其余瑶族分布于英盘、姑类、董别三个村。

二、村寨组织

白裤瑶主要的村寨组织是"油锅"组织。历史上，白裤瑶长期受外族莫

---

① 1 亩约等于 666.67 平方米。

氏土官的压迫和歧视，被迫迁徙至环境恶劣的深山老林里，至中华人民共和国成立前夕，还保留着带有浓厚家族公社色彩的"油锅"组织。从历史的发展看，"油锅"组织对白裤瑶社会的生产、生活起着重要的作用，维系着白裤瑶在深山老林里的生存和发展。至今，白裤瑶社会在生活的各个方面还保留着"油锅"组织的印迹。

（一）"油锅"组织的历史变迁

"油锅"是其他民族对白裤瑶社会组织的称呼，在瑶族内部，各地区的瑶族自称也不一样，比如里湖瑶族乡瑶里村称为"破卜"，八圩乡瑶寨称为"遮斗"，花桥村称为"威腰"。将其译为汉语，就是大家同一个祖宗，同一个锅里吃饭，有事互相帮助。据清乾隆时《庆远府志》卷十《杂类志·诸蛮》中记载："（南丹瑶人）居于瑶山……谆谨勤俭，甲于通州。和睦宗族乡党，若一家有婚丧，众共助之，计其应缴地粮，并为代输。"①

1950年之前，"油锅"是一种由区域、血缘联系起来的传统社会组织，每个"油锅"组织内部都有一个"油锅"头人，这是油锅成员一致认可、选择产生的。头人并没有特权，他们与油锅成员共同劳动，平均分配产品。他们主要负责油锅内部的生产生活、调节纠纷、主持宗教艺术等事宜。可以说，"油锅"头人就是白裤瑶人民的公仆。在婚姻习俗方面，"油锅"组织实行族内婚加油锅外婚，即油锅组织成员同姓不能通婚，不同姓氏可以通婚，但不准私自与外族人通婚。历史上，油锅组织都有共同的财产，每个"油锅"都以拥有铜鼓为荣（见图1-3）②，并定期举行会议。在封建社会，"油锅"组织在具备本民族沿袭下来的特征之外，逐渐具有封建制度特征。

---

① （清）李文琰. 庆远府志·杂志类·琐言：卷10[M]. 乾隆十九年（1754）刻本.
② 视图空间. 白裤瑶供养一种铜器3000年保存了400面[EB/OL]. http://k.sina.com.cn/article_5111265605_p130a7b94500100ahar.html.

第一章
人类文明的活化石：白裤瑶的前世今生

图 1-3　白裤瑶铜鼓

中华人民共和国成立之后，我国农村社会生产力发生了根本变化，国家在农村建立起了人民公社制度。公社集体制大大压缩了"油锅"组织的生存空间，村级行政单位取代了原来白裤瑶社会中的权力机构"油锅"组织，加强了中央政府的管理，以一种新的民主、自治的方式维护了地方社会的发展。但是，国家对少数民族地区的传统社会组织实施了相对宽松的政策，"油锅"组织在白裤瑶地区仍然非常活跃，领导人仍然受到大家的信任和尊重，在调节内部纠纷、组织生产和举办传统节日等方面发挥着重要作用。

"文化大革命"期间，"油锅"被视为"四旧"，与"油锅"有关的各类风俗受到冲击。这一时期，"油锅"组织仅靠血缘亲属关系维系，组织的权力结构越发薄弱。

改革开放期间，全国普遍实施家庭联产承包责任制，恢复了"家—户"的主要生产方式，为复兴传统民间组织创造了良好的经济和政治环境。这时，白裤瑶的"油锅"组织也复兴并活跃起来。在适应新时期社会政治、经济、文化发展需要的基础上，"油锅"组织有选择性地、有限地复兴了其组织的部分职能与权力。政治上，"油锅"组织是以承认基层政权和国家政权，服从国家调控,以遵纪守法、互助协作为基本准则;在经济上,除了铜鼓之外,"油锅"组织没有其他公共财产可以支配,已经失去了对其内部成员的经济支配能力;在文化上,"油锅"组织的许多传统规定已经融入现代化的因素,其传统规定对成员的限制已逐步放松,"油锅"内成员在思想和行为上有了很多自由性,但其在感情联络、生产互助、规范协调甚至教化方面的作用依然突出,在白裤瑶的社会生产和生活中仍起着重要作用。

(二)"油锅"的组织形式

"油锅"组织是一种由地域和血缘关系联系起来的民间组织,是白裤瑶社会的传统组织。在白裤瑶地区,许多村寨组织的分布仍延续这种部落组织结构和地域组织,每个村寨都以屯为单位,每个屯又分为数个不同规模的"油锅"组织。该组织以两个或两个以上的家庭为单位,其成员根据传统习俗,由"油锅"头人监督,遵守共同的禁忌和道德规范,履行共同的内部和外部义务,并享有共同的利益和权力。

在传统的白裤瑶社会里,瑶老制通过"油锅"组织管理、维系着白裤瑶族人的生产生活。瑶老依据自己长期处理事情的经验,以及前辈、祖先的实践,利用"油锅"组织的力量来协调和调解族人之间的冲突,比如祭祀、祈祷、生产、婚丧、家庭矛盾、建房等大小事宜,均由瑶老出面主持。瑶老的权威在协调族人关系、大小事务中形成。一旦形成,除非死亡或是自愿退出,否则无法更改。每个"油锅"都有3~5个瑶老,他们共同组成一个瑶老会议。其中,大瑶老是瑶老会议的核心,负责在有不同意见时做出最终决定。瑶山的瑶老管理家族的内部事务,大家将他称为"公",就像叫父亲一样,因为他是家族内的"大人"。在瑶语中也可称呼他为"bu",意思是"长老"。

在漫长的历史发展过程中,"油锅"组织在白裤瑶的社会生产和生活中一直发挥着不可替代的重要功能。"油锅"的功能包括组织管理、规范协调、凝聚族群和文化传承,不仅维持着白裤瑶社会的统一与秩序稳定,而且确保了白裤瑶的正常生活,使村寨事务顺利进行,体现出白裤瑶社会的自我管理能力。数百年来,"油锅"组织凝聚着相对分散的白裤瑶族人民的力量,始终维系着白裤瑶社会的稳定发展。

第三节 白裤瑶的习俗与自然崇拜观

白裤瑶的民俗古朴而又富有神秘色彩,吸引着越来越多的人来探究。由于历代封建统治阶级的民族歧视和民族压迫政策,白裤瑶迁徙至深山老林,居住的地方交通闭塞,与外界几乎没有交流,使得白裤瑶得以保存了完整的民族文化。根据民间传说,白裤瑶早在宋代以前就已经迁徙到了这一地带,元明之后开始种植小麦、水稻以生存。中华人民共和国成立以后,白裤瑶地区经济有所发展,但是由于交通梗阻,该地区很少受到外界影响。白裤瑶的特点是氏族社会特征明显,内部阶级分化不明显,保留有较多的原始氏族公社的形态。

白裤瑶相信万物有灵。在万物有灵观念中,与其民俗活动息息相关并具有重大影响的是祖先崇拜。白裤瑶的丧葬文化是祖先崇拜最好的体现。在丧葬活动中,白裤瑶人会为死者举行砍牛、打铜鼓、跳老猴舞等葬礼仪式。白裤瑶的这些送丧习俗,不仅仅表达了族人对死者的悼念,也是一项共同的祭祖活动。除此之外,白裤瑶还有独特的陀螺文化、婚恋习俗、铜鼓文化等。

一、崇拜自然的万物有灵观

白裤瑶居住地由于地理和历史因素的影响,经济文化发展非常落后,在中华人民共和国成立之前,这里的经济生产方式仍然是原始的刀耕火种。社会的基层组织仍然是由血缘关系连接的父系组织,被称为"油锅"。[①]由于经济文化发展的落后,白裤瑶的自然崇拜具有一定的天然性。他们相信自然

---

① 玉时阶. 白裤瑶的宗教信仰[J]. 广西民族研究,1987(3):74-80.

万物有灵，认为一切都有神灵主宰。因此，他们经常通过唱歌跳舞、祭祀供奉的形式来祈求帮助，让神灵保护自己，免遭祸患。比如天上的雷，他们认为是雷神，如遇插秧时节不下雨，白裤瑶人就会杀鸡，供奉雷神夫妇吃鸡饮酒，请求宽恕，祈求雷神降雨。①

从源头上考察，白裤瑶人的自然崇拜观是源于其生产力低下，经济落后，科学不发达。因此，对于一些无法认识、不可理解的现象就会附会于神灵，这是一种自发状态的自然崇拜。受制于自然界的强大力量，不明就里的人们只能通过祈求或者逃避的方式以求生存，比如遇到不明瘟疫，他们甚至以为是神灵对他们不洁的惩罚，害怕到将整个寨子搬迁。

白裤瑶人崇尚万物有灵，他们通过类比人类世界来联想人死后的世界，因此有非常隆重的丧事活动，如砍牛、跳猴舞、打铜鼓等。白裤瑶人传统观念认为祖先死后会成为天上的神明，子孙们通过敲击铜鼓、鸣枪等行为可以与祖先交流。这种思想意识让白裤瑶人从小就具有很强的家庭观念、宗族观念，他们在日常生活中也非常团结，以血缘为纽带聚居在一起。这些观念也反过来影响了他们的现实生活，使白裤瑶人在历经几千年的发展中仍然保持了自己独特的民俗文化。

因为旧时人们的科学文化知识有限，对日常生活、劳动生产中的各种现象，大多不能合理地进行解释，只能臆测、想象。而这些臆测和想象大多是对自然现象歪曲的解释，有一些甚至是荒谬的，对人们的生产生活产生了许多负面的影响，但好的一面，也使白裤瑶人保持着对自然的敬畏，促进了人与自然的和谐相处。随着社会的发展，尤其是教育的日益普及，人们的科学文化知识大大增加，白裤瑶人崇神拜鬼的宗教迷信思想也在慢慢破除。但是，白裤瑶人仍然保存着自己独特的信仰文化，这种信仰文化历经几千年的发展，已经深入他们的思想意识之中，是他们最深层的情感和精神家园，是一种文化情结。此外，也与国家的民族政策有关，在筑牢中华民族共同体意识引领

---

① 廖明君. 石头山上有人家——广西南丹白裤瑶文化考察札记[M]. 南宁：广西人民出版社，2006：100.

下，白裤瑶的很多文化成为非物质文化遗产，受到国家的政策支持，从中我们也可以感受到白裤瑶人的生存智慧。

二、充满原始趣味的民俗文化

白裤瑶的社会生活几乎保留着原生态的民俗形式，不管生活怎样艰辛，他们都保持着乐观向上的生活态度。他们热爱自然，崇拜自然，民风古朴。他们主要以玉米、大米为主食，辅以饭豆、黄豆、火麻、南瓜、黄瓜、家禽等，以满足日常的食物所需。白裤瑶的民俗文化别具特色，如铜鼓文化、民居文化、婚恋文化、丧葬文化等。同时，这些民俗文化也造就了白裤瑶人团结和睦、勤劳勇敢、艰苦朴素的品格和原始野性的气质。

（一）铜鼓文化

众所周知，铜鼓不仅是瑶族的一种"乐器"，更是一种"重器""神器"。瑶族人崇拜铜鼓由来已久，据《隋书·地理志》载："自岭以南二十余郡……并铸铜鼓为大鼓。初成，悬于庭中，置酒以招同类，来者有富豪子女，则以金银为大钗，执以扣鼓。竟，乃留遗主人，名为铜鼓钗。"刘恂《岭表录异》云："蛮夷之乐有铜鼓焉，形如腰鼓，而一头有面，鼓面圆二尺许，面与身连，全用铜铸。其身遍有虫鱼花草之状……击之响亮，不下鸣笼。"宋人范成大《桂海虞衡志》记载："铜鼓，古蛮人所用，南边土中时有掘得者。相传为马伏波所遗。"（"志器"条）宋周去非《岭外代答》云"广西土中铜鼓，耕者屡得之"，"周围款识，其圆纹为古钱，其方纹为织簟，或为人形，或为琰璧，或尖如浮图，如玉林，或斜如豕牙，如鹿耳，各以其环成章。合其众纹，大类细画圆阵之形。工巧微密，可以玩好"。刘锡蕃《岭表纪蛮》云："其制，全体皆铜质，面平底空，中腰凹束。镌满旗帜及各种花纹形状。中心花瓣突起。形色光润，如被油脂。两房有耳。亦作狮、龙、花瓣，各种形状。其面有蟾蜍而镌汉文者，为上上品。"[1]

---

[1] （清）刘锡蕃. 岭表纪蛮[M]. 上海：商务印书馆，1934：171.

据统计，近三万的白裤瑶人，总共保存有三百多面铜鼓，其中既包括祖传的老铜鼓，也有新铸的铜鼓。据一位鼓手说，并不是家家户户都有铜鼓，有的是同宗的几户人家共享一个。

铜鼓崇拜在白裤瑶社会中已经有三千多年的历史，战时作战鼓，和平年代一般在每年秋后的农闲时节为了祈求五谷丰登或重要节日、逢老人过世时敲打。铜鼓是白裤瑶族的民族象征，乃人气兴旺之寄托。白裤瑶人的铜鼓不仅仅是一种乐器，在此基础上还生发出富有地方特色的铜鼓舞。铜鼓舞不仅是一种文体活动，它还与白裤瑶青年的爱情紧密相连。白裤瑶人中，很多青年男女都是在跳铜鼓舞后的晚上结成称心如意的伴侣。

在重要节日或者场合，打铜鼓的都是男性，这么多铜鼓，要做到动作整齐划一地敲打出相同的节奏，全靠指挥众铜鼓的大皮鼓。大皮鼓是用空心独木和牛皮做成的，由主鼓手敲打。主鼓手一边以鼓点引导众铜鼓的节奏，一边舞蹈。只见他双腿并拢微曲，双棍击鼓，并不时有规律地从头顶、双肩、小腿等部位相向互击，绕着大皮鼓左蹦右跳敲打。敲打时一个节奏打三遍，动作率性而为。打铜鼓可以说是白裤瑶男子的基本功，整个仪式过程中，一组敲完，可以换另一组鼓手继续敲，主鼓手也可轮换。

打铜鼓时，非主鼓手则是两人配合打一面铜鼓：一人站在铜鼓一侧，左手拿一个用大血藤做的鼓槌敲打鼓心，右手执小竹棍在铜鼓边沿轻轻击打；另一人则双手合抱一个木制风桶，在铜鼓背面接音，按一定的节奏前后晃动，使铜鼓产生共鸣，让声音更雄浑，传得更远。敲铜鼓是铜鼓、木鼓、音桶三者同时配合，三位一体，形成系统（见图1-4）。木鼓是指挥，铜鼓是定音，音桶是和音。此外，主敲铜鼓者一手持鸡血藤锤击鼓面太阳纹，一手以一小竹片同时敲击铜鼓边，使其一鼓发二音，让鼓心音和鼓边音构成音程，使铜鼓音色圆润，音量宏大，低音丰富，声若雷鸣，又如虎啸，山鸣谷应，魄动心惊，表达出瑶族人民英勇剽悍、粗犷雄浑、激昂热烈、庄严深沉的民族性格与精神。

图 1-4　打铜鼓

（二）居住文化

白裤瑶居住的房屋独具特色，受地理环境的影响，基本都建在山脚或半山腰。中华人民共和国成立前居住的是"叉叉房"，它是用天然的树干和树枝绑扎而成，将与地面接触的部分嵌入泥土中，以稳固房屋；顶部盖茅草，四面通风见亮，房屋里面不设床，晚上睡觉围着铺设在火坑边上的木板而眠。这种房屋比较矮小，只能遮挡小风小雨，如遇大风大雨，还是很危险的。到20世纪80年代以后，随着经济的发展，白裤瑶人建起了干栏式泥瓦房，用黄色的黏土和着稻草做墙，顶上盖青瓦，虽为单体结构，但房屋稳固。黄泥青瓦，高高耸立在山林岩边（见图1-5）。

图 1-5　白裤瑶民居

白裤瑶民居最具特色的是家家户户的房前屋后都建的谷仓。谷仓呈圆柱形锥顶，以茅草为盖，尖顶捆扎装饰成宝葫芦形，下是储粮的圆形仓库，四周用竹篾编成一个大的圆柱体，直径约 2 米，高约 2.5 米，形如大囤箩。圆仓开有一小门。凡收获的粮食，晒干后全都放进圆仓里去。圆仓的底部用四根木柱等距支起，底部用木板镶拼严实。圆仓离地面 2 米，仓下空旷通风，可使圆仓内粮食不致郁热受潮霉变。在圆仓底部木板与托起圆仓的木柱的交接地方，每柱各用一个外表十分光滑，高约 35 公分、直径约 30 公分的彩釉陶罐倒扣在柱顶部，有的用 4 块光滑、平薄、边长在 2 尺左右的四方石板代替，主要是用于防止狡猾的老鼠沿着木柱攀爬进圆仓。这种建于村旁户外的圆仓，具有防火、防鼠、防潮等多种功用（见图 1-6）。

虽然白裤瑶地区的生活水平落后，但建在屋外的谷仓却从未出现被盗情况。由此可见，白裤瑶人的民风是多么淳朴。

图 1-6　白裤瑶谷仓

（三）婚恋文化

白裤瑶的恋爱活动称为"玩俵"。从"俵"字可以看出，这带有明显的姑舅表亲婚姻的痕迹。在相当长的一段历史时期内，这种姑舅表亲婚姻形式在白裤瑶社会中占主导地位。直至今日，有些白裤瑶地区仍然存在着姑舅表亲的旧俗。

1. 恋——自由之恋

白裤瑶的婚恋文化是比较独特的。在男女恋爱活动中，一般是女子主动追求、选择自己的意中人。白裤瑶青年男女一般在彼此的歌声中相认、相识乃至相恋（图 1-7）。根据白裤瑶的婚恋文化，民间流传着这样一则传说故事：

远古时候，白裤瑶人的第一对恋人叫腊纛和娅吧。一次，腊纛上山捕鼠，他把鼠夹子安放在山坡上便回家了，第二天清早去看，鼠夹子夹住了一张桐叶，他并不在意；第三天清早去看，鼠夹子夹住了一根枫枝，他也不在意；第四天清早去看，鼠夹子夹住了一节白骨，此时，他紧张起来，因为这是不吉祥的预兆。按照瑶族的传统观念，腊纛以为自己活命不久了，于是坐在一块石头上伤心地哭泣。这时候，娅吧从枫树后面钻出来取笑他，原来，这一切都是娅吧所为。之后，两人开始相恋。[①]

图 1-7　恋爱中的白裤瑶男女

[①] 谢明学. 中国白裤瑶风情录[M]. 西安：陕西旅游出版社，2001：50.

腊羹和娅吧相互逗趣的恋爱故事影响着白裤瑶青年男女的恋情。现如今，白裤瑶男女青年仍然是通过互唱情歌，来增加彼此的情感。一般在葬礼上，尤其是在砍牛、敲铜鼓的仪式上，是白裤瑶男女挑选意中人的绝佳机会。一到晚上，圩场上挤满了青年男女，他们通过对歌的方式，相互认识、了解。如果一个姑娘看上了某个小伙子，就会找准机会动手扯下男子的随身物品（如腰带、帽子），然后跑出圩场。男子若也中意女子，就会追赶过去，两人在一块唱绵绵情歌，相互了解，产生好感。如若两人通过互唱情歌而情投意合，认识当天，姑娘也可以将男子带回家，并留他同宿。若男子对这位女子不感兴趣，就不会理睬她。姑娘也不会纠缠，过后会找个机会托姐妹把抢走的小物件归还给男子。白裤瑶社会，女子在恋爱过程占主导地位，而男子则相对处于从属地位。

除了葬礼是白裤瑶青年男女恋爱活动的机会，还有婚礼、圩日、年节等，都是白裤瑶男女青年接触的好机会。他们的恋爱，父母从来不会干涉，可以说是比较自由的。

2. 婚——闻鸡起舞

待时机成熟，父母就会为他们举行婚礼，婚礼简朴而不失隆重，使所有参与者都沉浸在欢乐和兴奋之中。

白裤瑶青年男女整个婚礼过程的安排，是参照鸡的活动规律进行。迎亲的人必须在新娘出门的头一天下午鸡进笼以前到达女方家；新娘必须在出嫁的当天早上鸡鸣后，为父母打一担柴以示孝敬父母；迎亲的人把新娘接到男家时，如时辰不到必须在村口处等候，至天黑鸡进笼以后才进入夫家。

等迎亲队伍把新娘浩浩荡荡接到新郎家，夫家人须拿着酒肉在门口迎接，每人必须吃一块肉，喝一杯酒才能进家。夫家在堂屋中准备了长席宴隆重接待送亲的亲戚，要当面杀很多公鸡来接待送亲的亲戚。巫师要用两个碗装一个鸡头来摇卦，预测新婚夫妇的未来，占卜活动必须在半夜鸡叫以前进行。

参加婚礼的这一天，是白裤瑶极尽欢乐的日子，无论是迎亲的还是送亲的，都能纵情狂欢，毫无拘束，绝不会因衣着不整而受嘲笑，所以迎送新娘的人群穿着就像平时一样朴素。结婚后，白裤瑶夫妇便独立成户，两人共同经营他们简朴的家，过着男耕女织的田园生活（见图1-8）。

图1-8　婚后的白裤瑶男女

（四）丧葬文化

1. 从岩洞葬到土葬

白裤瑶的丧葬，历史上经过两个阶段：岩洞葬和土葬。

据有关专家考证，白裤瑶族的岩洞葬是其祖先的一种葬俗，比较独特，人死后入棺不埋入土，而是用一个木架支撑，然后放在一个隐蔽的山洞中，以山洞为葬所。这样的丧葬习俗很早就有了。据《隋书·地理志》载：南方少数民族地区（南郡）"亦有于村侧瘗之，待二三十年，总葬石窟。长沙郡又杂有夷蜒，名曰莫徭……其丧葬之节，颇同于诸左云"①。在清代，白裤瑶地区的岩洞葬是十分盛行的。清人李文琰在《庆远府志》卷十《杂类志·琐言》中记载：南丹有一种瑶人，"亲死不瘗，置棺岩穴间，其家再有人死，则另覆其骨于别棺，取原棺回验，复置岩间。覆骨属翁与媳，隔之以示，棺满又置一棺，相沿成俗。家各一棺，村各一岩，不相混杂②。"可见，岩洞葬的习俗可以追溯至隋唐，到清代盛行。我们今天去白裤瑶地区，仍然可以看见多处岩洞葬的遗址。

至清代中叶以后，白裤瑶族改岩洞葬为土葬，一直传承至今。

2. 砍牛送葬

在丧葬仪式中，砍牛是其中最为重要的一个仪式。相传远古时期，白裤瑶人死后，人们刮其肉分食之后，再葬其骨。后来有个叫拉所泽彩的孩子，不忍食母之肉，便宰牛刮皮取肉供给参加葬礼的亲朋好友聚餐。这种砍牛祭葬的做法遂得到众人的理解和响应，如此代代相传，迄今不改。

白裤瑶的砍牛送葬是一项十分重要而且规模盛大的葬礼习俗（见图1-9）。一般在秋收至腊月期间举行，因为这个时间段，这里很少下雨、打雷，这样整个丧事仪式才不会被雷公惊扰。砍牛仪式中，首先会选定一个砍牛场。砍牛场通常设在距离村寨不远的、比较空旷的草坡或者田坝。在砍牛过程中，远近亲戚都会赶来，甚至路人也会聚集过来，观看砍牛仪式。砍牛仪式开始时，首先要打铜鼓。打铜鼓仪式结束后，进入砍牛仪式。在砍牛之前，人们会给牛喂一些青草和谷穗。亲朋好友尽情敲打铜鼓，并跳起铜鼓舞《勤泽格辣》，主持砍牛仪式的巫师，边撒白米，边念先辈祖宗的功德、死者的经历和后人对死者的怀念等。整个仪式非常的庄严、隆重。最后，砍牛首先由舅爷执刀。舅爷给每头牛敬两口酒，撒三把米，再跪三拜，等魔公唱完祭歌，舅爷举刀砍牛，每头砍三刀。因白裤瑶文化中母舅的地位很高，因此，在砍牛习俗中，一般是由母舅来砍牛。

---

① （唐）魏徵.隋书·地理志：卷29·志24[M].北京：中华书局，1997.
② （清）李文琰.庆远府志·杂志类·琐言：卷10[M].清乾隆十九年（1754）刻本.

图 1-9 砍牛祭祀

丧葬仪式是对逝去亲人的悼念哀思,同时也体现了白裤瑶传统民俗文化的精华。据说参加葬礼仪式的人多达上千人,可以说,丧葬既是一个民族地区传统文化传承和民族凝聚力的体现,也是一个重要的社交活动场所,比如青年男女借此机会寻找意中人。丧葬仪式的传承,看上去铺张浪费,尤其是"砍牛"习俗,破坏了农耕经济的发展。但是,这样的仪式对于白裤瑶族的生存发展起到积极作用,有利于凝聚人心,有利于族群的稳定和传承。

白裤瑶对葬礼倍加重视,力求隆重。葬礼时需请全体村民吃饭,所以如果有人家在每年 5~10 月青黄不接时死了人,导致无粮无牛办酒席,家人就会将死者尸体用特殊方法进行防腐处理后埋葬在自家屋内地下 2~3 米深处保存,待到 10 月收粮后再大办葬礼。

本章小结

从以上对白裤瑶民俗文化的叙述中可以看出,白裤瑶是一个由原始社会生活形态直接跨入现代社会生活形态的民族,至今仍遗留着母系社会向父系社会过渡阶段的文化。无论是民居文化、铜鼓文化,还是婚恋文化、丧葬文化,都带着远古的气息,神奇而瑰丽。因此,白裤瑶被联合国教科文组织认定为民族文化保留最完整的一个民族,被认定为"人类文明的活化石"。

PART TOW
第二章

别具风情：
白裤瑶的装扮特征

白裤瑶保存着众多奇特的民俗文化，尤其以其独特的服饰文化保存最为原始。其独特的装扮方式、服装款式与装饰图案无不打上了这个山地民族独有的历史记忆与文化内涵，蕴含着深刻的自然崇拜、图腾崇拜、祖先崇拜和生殖崇拜的文化内涵。

白裤瑶服饰历史悠久，造型古朴。从形制上看，白裤瑶服饰为上衣下裳制，有性别之分，年龄之分差异不大，不同性别穿不同的服饰式样，这是白裤瑶的着装习俗。白裤瑶男子服饰主要由上衣、裤子、配饰等要素组成。男子上衣还保持着原始的对襟、立领款式，整体为蓝黑色，衣服外沿部分用浅蓝色的布镶边，内有暗色几何花纹，体现出层次感。腰部两边和背部下沿则用橙色丝线绣制鸡仔花和米字纹进行装饰。裤子用整幅白布缝制做成，裆部巨大，故称"灯笼裤"。其靠近膝部的地方用红色丝线绣有长短不一的五条红色花纹，顶部绣"十"字，裤腿则用黑色布镶边。白裤瑶女子服饰分为夏冬两种，以夏装最为漂亮，其上衣称为"褂衣"，整体就只是用两块方布缝合而成，无袖。其前面的布只是一块纯色的黑棉布，无装饰；后背的布幅较讲究，装饰有较独特的图案，整体看起来就是一个方形的图案组合，据说是象征瑶王留下的印章。其下身四季穿裙，是一种及膝的百褶裙，裙面是用一种特殊的树汁纺染成三组黑蓝相间的环形图案，裙子的边缘用一圈橙红色无纺蚕丝布装饰，整体华丽飘逸。直至现在，白裤瑶服饰仍保留了民族服饰独特的风格。

白裤瑶服饰的色彩与其他瑶族有相似之处，即"好五色衣"。所谓"五色"，指的是"黑、白、红、黄、蓝"，这是中国传统文化中的"正色"，《尚书·益稷》云："以五采彰施于五色，作服，汝明。"孙星衍疏曰："五色，东方谓之青，南方谓之赤，西方谓之白，北方谓之黑，天谓之玄，地谓之黄，玄出于黑，故六者有黄无玄为五也。"[①]由此观之，"五色"是与中国传统的哲学观相对应的。从比例上分析，白裤瑶服饰中的青黑色与蓝色占

---

① 参考冯晓林.历代画论经典导读学术版[M].长春：东北师范大学出版社，2018：2.

比最大，是主体色；白色次之，主要用于男子裤子以及头部包扎；红、黄二色一般用于绣制花纹与装饰点缀，用量少，但起到了画龙点睛的作用。

与其他少数民族一样，白裤瑶服饰的染色材料均是从大自然的植物中提取而来，比如蓝色，就是来源于村前屋后的蓝草，也就是板蓝根的叶子，染的遍数多了便成了青色，"青出于蓝而胜于蓝"的典故即源于此。黄色是用栀子的果实制成，橙色则源于红花。这些植物在民间的医药文化中均是重要的药材，所以用它们染成的衣服自然就有清热消炎的功能，或许这也是白裤瑶人在现代化的冲击下仍然对其传统服饰十分热衷的原因之一。

从纹饰上考察，白裤瑶服饰的装饰图案简洁而神圣，除了方形印，还有鸟纹、太阳花、竹筒花、剪刀花、十字纹及鸡仔花纹等。但是，正如学者们所说，图案不仅是少数民族用于装饰服饰的一种艺术手段，也是一种文化心理的表达。它蕴涵着少数民族从原始社会到今天的长达七八千年的历史文化积淀，从自然崇拜、图腾崇拜、祖先崇拜的原始文化遗存直到近现代的商品经济市民文化，都会在图案中以特有的形式传达出来。

第一节　褂衣花裙：女性传统服饰装扮

在瑶族众多支系中，他们不仅名字不同，生活习俗和民俗文化也是各有特色，尤其是服装上面，虽然都是瑶族服饰，款式上有些相近，但是在整体的结构和色彩搭配以及刺绣纹样上却有很大的差别。这表明在瑶族整体的民族文化中，瑶族人民对本民族的文化认同感是相似的，但各自也有不同的审美趣味和服饰技艺。白裤瑶族服饰在造型上以简洁为主，色彩也不如其他支系那样鲜艳，主要是以蓝色和黑色为主，搭配橘红色的刺绣装饰。整体造型上简洁大方，让人眼前一亮而且经久耐看。最大程度地展示出自己的民族特色，白裤瑶族服饰种类也很多，男女服饰各不相同。白裤瑶族妇女服饰分为盛装和简装两种，盛装是由四件重叠褂衣与百褶裙搭配，简装由一件褂衣或黑上衣与裙子搭配。

白裤瑶女子服饰由上衣、裙子、配饰组成，以蓝色和黑色为主调，款式简洁大方。女子的贯头衣、盛装上衣形制结构相同。贯头衣无领无袖，用前、后两块黑色方布缝合而成，其为单层造型，上部正中留口不缝，贯头而入，别具一格；而盛装上衣为多层造型，它与贯头衣无异。女子四季都穿百褶斑花裙，裙子主色以黑蓝两色相间，裙脚边缘绣上黄红蚕丝线作为装饰图案，裙前交合处有一块蓝边黑布作为挡布，可以遮挡百褶裙的接缝，也可以起到装饰的作用。

在白裤瑶，民族服饰都是由女子亲手缝制而成，每套服饰都倾注了妇女的心血和汗水。白裤瑶服饰纹样与他们的生产生活、道德及宗教信仰有密切的关系，同时反映了白裤瑶人质朴、乐观的精神世界。

一、头巾

白裤瑶女子结婚后，头发便不再剃剪，而是用头巾将头发盘起。女子包头巾由一块黑色布巾、两根白色布绳组成。黑色布巾呈纯黑色，长约45厘米，宽约34厘米，都是白裤瑶妇女亲自织土布制作而成。女子在佩戴头巾时需要先把头发梳理整齐，绞成股，在脑后盘好，成发髻状，然后将一块黑布对折，中间对准前额，从前面往脑后包裹头发，脑后的头发自然隆起。最后将两条白色带子从后往前自左向右盘绕前额两圈，布条尾部扎在左前额部位，微微翘起，好似锦鸡头上的翎毛（见图2-1）。盛装期间女子头巾有一些刺绣来做装饰，一般都是和上衣搭配的米字刺绣，也有一些银饰作为装饰。

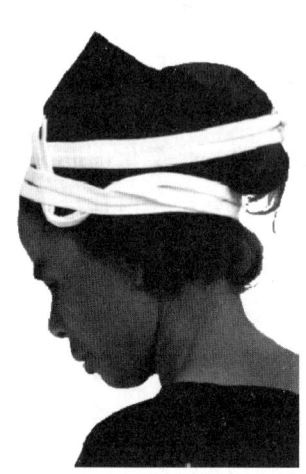

图2-1　女子头巾

二、上衣

1. 单层褂衣

白裤瑶女子上衣极具特色,也分为盛装和简装两种。盛装是由四件重叠褂衣与百褶裙搭配;简装由一件单层褂衣或黑上衣与裙子搭配。图 2-2 中的女子既有穿盛装褂衣的,也有穿简装黑褂衣的。

褂衣是由前后连块对称类似正方形的版块组合而成,中间不合缝。前面版块为黑色,后面版块染为蓝色底,上面绣有"田"字图案,其图案为瑶王印。据清代乾隆年间《庆远府志》卷十《杂谈志·琐言》记载:南丹、荔波一带的白裤瑶妇女"不独衣裳不相连,而前胸后背,左右两袖,俱各异体,着实方以钮子联之,真异服也"。这种上衣又叫"褂衣",或"贯头衣"。褂衣的整个款式都是以蓝色和黑色为主要的基调,前后都裁剪成方方正正的正方形,并且还用两片粗布进行装扮。有点像现在人们穿的"马甲",没有领子和袖子,只是在肩膀的地方缝合连接,不论春夏秋冬都可以穿着,只需更换里面内搭即可。褂衣正面是由一块没有任何图案的黑布裁剪而成。背后是一块与前幅等宽的,

图 2-2 集市上穿褂衣的白裤瑶女性

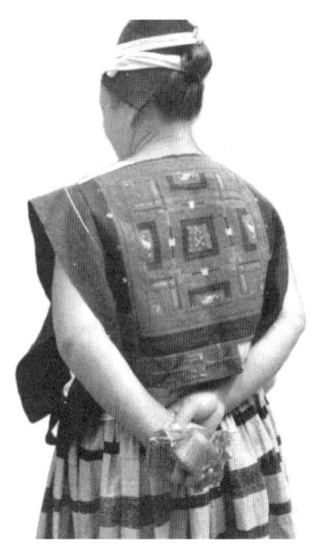

图 2-3 单层褂衣上身效果

装饰有"田字形"图案的正方形绣花布;下摆处用 4 指宽（6 cm）的蓝布镶边,上面装饰为米字纹和鸡仔花图案。前后幅的两侧都缝有一条黑色的布环。两侧也不是完全缝合,只是简单地在最下面接上两块方布,使整体上呈现出一种下垂的状态（见图 2-3）。在造型上大方得体,充分突出了白裤瑶族女性的天然美和白裤瑶族独特的审美观念。

2. 盛装褂衣

盛装褂衣由四层重叠褂衣制作而成,款式与单层褂衣相同。上衣前片、袖子均为双层结构,后片为四层结构,外层较短,里层较长。后片装饰有刺绣的图案,图案是"田"字形的,大致上和印章比较相似。据说在设计时就是仿照瑶王印章而成。关于瑶王印图案,有一则传说,说的是以前瑶王得到了中央王朝的册封,被授予一颗金印,但他女婿对金印起了野心,用南瓜伪造了一个假的还回来。不久这个女婿发动了一场战争,瑶王没有了金印,也就指挥不了部队,所以战败了,既失去了瑶王的地位,又赔上了身家性命。

图 2-4 女子冬衣上身效果

从那之后,为了让后人铭记瑶族人曾有过真实大印,就下令仿照瑶王印绣成图案,挂在妇女背后,同时向大家宣布,永远不能与外族人通婚。每个瑶族妇女绣制的印章图案都不一样,但是需要保证整个印章的大致轮廓是不变的。上衣的前片和后片之间差距较大,整体上给人一种十分神秘的感觉。

3. 冬衣

女子上衣还有一种便装黑衣,也称冬衣。冬衣为双层对襟短衣,长袖无纽扣,领子顺衣身色彩为黑色,立领造型,前门襟、领口连接处用橙红色丝线包边绣长 1

拃（16 cm）的花边为袋口装饰（见图 2-4）。

三、百褶裙

白裤瑶女子的下装和男子的白裤是不一样的，是带有直线型褶子的百褶裙。从裙腰延伸到裙摆，并且非常有规律性地朝一个方向倾斜。白裤瑶女子冬日也穿裙子，颜色和褂衣不同。其颜色的布置是一层黑色，一层蓝色，层层叠叠，配合其褶皱，显得极富节奏与韵律。最后一层绣上橙色蚕丝布，点缀得恰到好处（见图 2-5）。

与普通百褶裙不同之处是白裤瑶族百褶裙还搭配一条裆布，比裙摆还要长一些。此布长一尺三寸五分，宽六寸，四周用一条一寸宽浅蓝色的布块镶好，系上带子绑在腰上，挡在裙子交叉的地方，可以遮挡百褶裙的接缝，也可起到美化的作用。这也凸显了白裤瑶族女性的细心、勤劳之美。百褶裙裙摆下方有刺绣，还有绘制图案，丰富了裙子造型。刺绣和图案种类多样，主要区别在裙摆的环形图案上（主要是第二条环形图案），图案造型大多为菱形、回纹等几何形状图案。

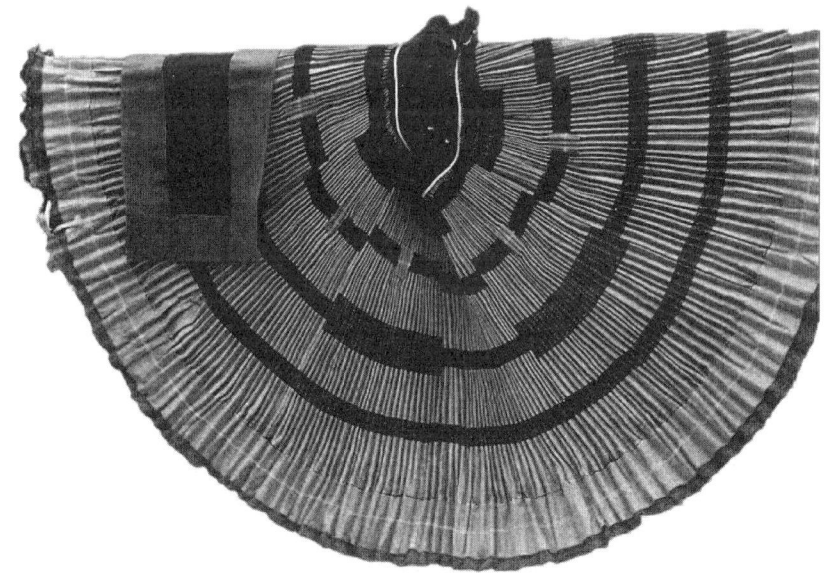

图 2-5　百褶裙与裆布

四、绑腿

白裤瑶族成年男女都有绑腿，但是平时并不穿着，只是在重大节日或者祭祀等正式场合中才佩戴。女子的绑腿布分为里层和外层。里面的一层绑腿布是用每幅宽一拃半、长十二拃的（区别于男子用的长白布条）的黑色布条；外面的一层是花绑带。先用黑色布条将足胫缠绕包裹，然后在外层扎上四副花绑带（见图 2-6），绑腿带两侧的细绳向下交叉缠绕在小腿上。外层的花绑带都需要绣上纹样，用黑白相间的线绣上 3 个并排的"米"字纹，色彩为橘红色，还需要用金银色的亮片来装饰绑腿。

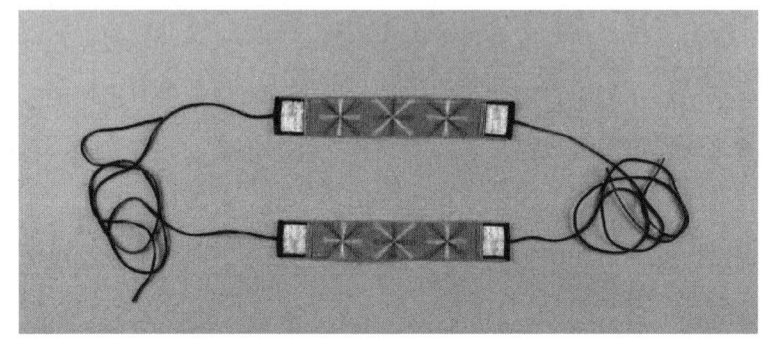

图 2-6　花绑带

五、饰品

白裤瑶族女子平时一般不佩戴饰品，只有盛装时才会佩戴饰品。一般佩戴两种，胸前饰品和吊花。胸前饰品是一根银质链子，上面拴着银圈，在脖颈上绕过一圈之后挂在胸前。银圈一般有 14 个，紧密地并列在一起 14 个，组成一个圆柱体，是非常有特色的造型。

吊花是装饰上衣的一种饰品，一般装饰在盛装上衣、女童贯头衣上。它是用一根红线将一些小的珠子和小饰品穿成一串，颜色比较鲜艳，造型也不是统一的。将吊花的一端固定在服饰上，当人穿衣走动时，吊花就会随着人的动作来回摆动，起到装饰的作用（见图 2-7、2-8）。

图 2-7 吊花　　　　　　图 2-8 吊花佩戴

盛装时，白裤瑶族也会佩戴一些首饰，大部分是银质的，如手镯、戒指等。造型上大多以自然界动植物为基础进行演变，有栩栩如生的动物，比如老虎、狮子等，寓意着生活吉祥如意。制作技法上也是多种多样的，有浮雕、透雕、圆雕等，造型各异、丰富多彩。

第二节　及膝白裤：男子传统服饰装扮

一、头巾

白裤瑶的男子在成年以后，便任由头发长长，开始蓄发盘髻。白裤瑶把留长发、包头巾叫作"禁发"。其头巾由白色包头巾和黑色包头巾组成，头巾长约 1.5 米，宽约 6 厘米。他们佩戴头巾的过程是先将头发拧成一股，再用一条白布条螺旋包紧，之后再用一条同样大小的黑布顺折后盘绕在白头巾的外面。头巾造型简单,没有其他花纹。男子将头发绞成一股,只在脑后留一小撮头发,然后把超过一米的白布巾和黑色布叠在头上,将头发呈螺旋状包紧,从后脑向前缠到前额上。其中,黑布缠绕白布之上,白布隐隐约约露出。留下来的那撮头发,类似于锦鸡头上翘起的冠。不过,现在的男子一般在家里只是简单地用白布缠绕在头上,节日期间才佩戴完整。

二、上衣

1. 小花衣

白裤瑶男子上衣无论简装还是盛装,都是黑色立领的对襟衫衣,没有纽扣。一种是小花衣,单层造型,蓝黑色调,在领襟、门襟、袖口、前后片衣摆处皆有约三指宽的蓝色布块镶边,后背衣摆中心处和两侧衣摆处有开衩。用作镶边的蓝色布块在两侧开衩(侧缝)的地方正好折叠成两翼,两翼的高度比宽度多一倍,上面没有刺绣图案。从两翼往后,在镶边的蓝色布块上,白裤瑶妇女用橙红色、黑色丝线刺绣"米字纹"的图案。除了两侧,在后背衣摆的正中开衩处也折有与翼部同样大小的翘起,是为尾部,绣有图案。如此有蓝色镶边和刺绣有图案的上衣称为"小花衣"(图2-9)。

图 2-9 男子小花衣套装

2. 盛装花衣

男子盛装花衣的造型与小花衣相似，区别在于小花衣为单层结构，盛装花衣为四层结构。其中衣身结构的外层造型最短，向内依次层层增加衣服长度；袖子外层最长，向内依次层层减短长度，具有丰富的层次感。立领，对襟，上衣无纽扣，依靠一根花腰带束紧衣服。后背衣摆中心、两侧有开衩，浅蓝色面块在领襟、门襟、袖口、前后片衣摆、前后衣摆两侧开衩处镶边，也是多层叠起。后背衣摆正中开衩，后背下摆的多层包边布上绣有橙红色、黑色、白色丝线组成的"米字纹""鸡仔纹"的装饰图案。同小花衣一样，在后背衣摆的正中开衩处也折有与翼部同样大小的翘起，只是层数略多，为四层，向上翘起，看起来像只鸡尾（见图 2-10）。

图 2-10 穿盛装花衣的男子

男子盛装上还有一个重要装饰——吊花，它是通过丝线编绳，银片、薏苡果、人造玻璃球等缠结而成。穿戴时将吊花的绳子一头固定在盛装上衣后领的中心，垂挂在身后。

3. 黑衣

男子还有一种是纯黑色调的便衣，即黑上衣，衣摆处也没有两翼和尾翘，仅在后幅中线齐股处有一个"八字形"的二寸开口。黑衣为单层对襟短衣，矮立领，纯黑色，短衣有袖，但没有纽扣，门襟与领子的连接处用橙红色丝线包边，绣制长1拃+0.5指长（20cm）的花边作为门襟装饰。前胸左右片用白色丝线绣制1.5cm×2cm的长方形纹样装饰图案（见图2-11）。

图2-11　男子黑衣套装

白裤瑶男子上衣的制作，不但兼顾了衣服质量以及精美的外观，还蕴含着一个很深的寓意。衣领向上突起，像鸡冠，而弯下腰的男子就像是一个白肚腿、花背尾的雄性白腹锦鸡。这种造型的实用性并不是很强，但是却非常独特，主要是想要表达白裤瑶人对自然的崇拜之情，他们信奉大自然，热爱大自然，在服饰上设计出鸡的形状就是想要突出自己对鸡的崇拜之情。

三、裤子

白裤瑶之所以得名，主要是因为白裤瑶男子身上穿着独有的白色裤子，在少数民族中，这种样式的装扮是特有的。这里的男子需要一年四季都穿着这样的白色及膝短裤。短裤可分为便装和盛装两种类别。普通情况之下，男子都是穿便装的，这样的裤子膝盖的部位是没有任何的图案和花纹的，整体

第二章 别具风情：白裤瑶的装扮特征

上非常的简洁大方。但是男子的盛装，在其前膝盖处绣有五条规律的橘红色柱状图案，和人类的手指排列顺序大致是相同的（见图 2-12）。据传说，这种设计主要代表着瑶族祖先瑶王遗留下来的痕迹，如今被称为"血手指印"（见图 2-13）。关于裤子上的"血指纹"有一则凄美的传说。很久以前，年过六旬的瑶王，膝下有一个很漂亮的公主，嫁给了当地莫家土司的儿子。婚后，莫家土司利用儿子的关系，施计盗取了瑶王的大印，并派兵包围了瑶寨。瑶王怒不可遏，对土司的威胁毫无惧色，亲自上山指挥作战，打了几天几夜，战斗非常激烈，瑶王被围困在一个山头上，受伤严重，血流如注。在这生死存亡之际，瑶王召集各寨寨主商量对策，一位采药老人献计说："我以前采药时，发现山后悬崖有一条小路，可以从那里下山突围。"瑶王听后，高兴得两手往膝盖一拍说："对，就这么办。"于是，就在白色的裤子上留下了五指血手印。在采药老人的带领下，瑶族同胞脱险了，而瑶王因伤势太重，不久就壮烈牺牲。为了纪念这位英勇善战的瑶王，瑶族人民按照他逝世时的装束做成民族服饰，裤子上的五根红线条，象征瑶王的五指血印，每一个红色线条的上方都绣上十字形。

白裤瑶一直保持着狩猎的风俗习惯，因此男子裤子的后面是大裤裆，因为经常居住在深山，为了方便爬山，裤腿的设计都是短而紧的。衣着的设计极大地体现出了该族人民无穷无尽的智慧。

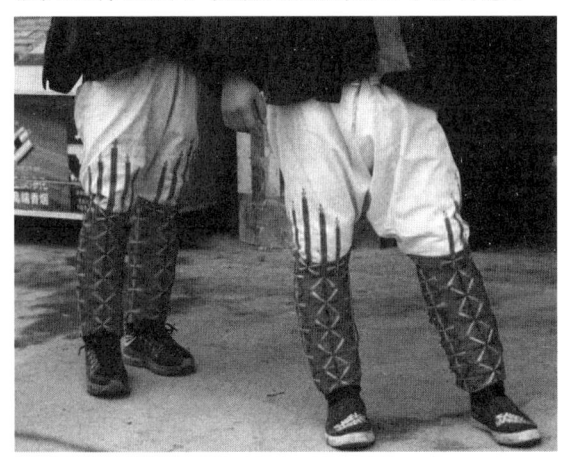

图 2-12 男子盛装裤子

图 2-13 血手指印

四、绑腿

无论是白裤瑶男子还是女子，在绑腿时都是分成里层和外层的，男女之间的差异性仅仅在数量上。女子一般都使用黑色，而男子可以自行做出选择，分别有黑色和白色两种选择。外层的花绑带在数量上，男子比女子多一两条，即女子四条，男子五至六条。外层的绑带绣上的是橘红色丝线绣成米字图案（见图2-12）。如今在社会的逐渐变化之下，瑶族男子只有在红白喜事或者过年等节日的时候才会打绑腿。

五、腰带

腰带是白裤瑶服饰的一种装饰品，男女都有佩戴。白裤瑶女子只佩戴黑腰带，造型较为简单，用黑色粗土布制作而成。白裤瑶男子腰带有黑腰带、花腰带两种，是重要的服装装饰物件。花腰带一般是在盛大节日时搭配盛装的饰物，腰带正面用刺绣图案装饰，纹样主要以"鸡仔花"纹样和"米"字纹样组成（见图2-14）。黑腰带无刺绣纹样，主要搭配黑衣、花衣造型，用于日常装扮，起到固定衣服的作用（见图2-15）。

腰带是用长约150厘米、宽约25厘米的白布制成，其中花腰带正面用彩色花线绣满菱形交叉的花纹进行装饰。在白裤瑶，拥有的花腰带越多，表明家庭越富裕，地位越高。在白裤瑶的传统习俗中，腰带也常作为白裤瑶青年男女定情的信物。

图2-14　花腰带

图2-15　黑腰带

第三节　儿童服饰

白裤瑶族儿童服装与大人差不多，穿在身上看着像个小大人，主要区别在于帽子。

一、童装

在白裤瑶，孩子刚出生，需要用自织的白色土布包裹。当他能走路时，男孩子穿的第一条裤子是只有三根花柱装饰的裤子（见图 2-16）。据说这是白裤瑶的一种传统，即每个白裤瑶小男孩要穿破三条绣有三根花柱的裤子，才可以正式穿上与成年男子一样绣有五条花柱的白裤。

图 2-16　白裤瑶儿童

白裤瑶族女童出生后的第一条裙子与成人相似，只是纹样有所不同。比如裙摆不做装饰，等到女童 6 岁以上身材长高了，就会穿上长辈亲手缝制的与成人衣服一样的服装。

二、童帽

儿童一般都戴着有特殊吉祥寓意的帽子，帽子上的装饰图案蕴含着丰富的意义。有米字纹、星星和月亮，象征着儿童与母亲相互连接的美好祝福；也有小鸡等小动物的图案，祝福儿童能得到大自然的庇佑，健康成长。具体来说又有三种帽子：花帽、银饰帽、黑帽。

1. 花帽

白裤瑶儿童花帽由两部分组成：黑色帽顶、浅蓝色帽檐。其中黑色帽顶分成五等份进行手工"折缝"，向内折叠，再用针线缝成一个五角形花纹。下面接一圈蓝色染布，蓝布正对前额处用橙色丝线绣一簇鸡仔花，两边则绣两个"米字纹"。

图 2-17　儿童银饰帽

2. 银饰帽

银饰帽是童帽中比较豪华的一种，它是在花帽的基础上加上一些银牌、银片和吊坠装饰而成。具体装饰方法是：前额部位挂 9 个人像银牌，后脑勺部位装饰五个铃铛及四个银制的小鸡吊牌，它们错落有致地排列在脑后；临近耳边则对称地镶上两个"月亮"造型的银吊牌（见图 2-17）。男女银饰童帽有略微的区别，男童在帽顶嵌一条橙红色的绣带，女童帽则没有。

3. 黑帽

黑帽是童帽中最简单的一种，一般情况下只给女童穿戴，其形制很简单，就是用一块黑色的染布制作而成，中间手工拿捏，用针线缝成一个五星图形即可。

三、娃崽背带

娃崽背带是瑶族民间流传下来的传统工艺（见图 2-18）。对瑶家人来说，"背带是母亲熟悉的体温，是温暖的睡床，是孩子脱离母体之后血脉相关的纽带，也是母亲继续孕育出子女的胎衣"[①]。背带上的针针线线，既是情感、也是希望，同时寄托着"祖神的衷肠"。

---

① 吕胜中. 再见传统[M]. 北京：三联书店，2003：46-47.

第二章
别具风情：白裤瑶的装扮特征

图 2-18　娃崽背带

儿童背带作为妇女背儿童的一个工具，兼顾实用性和装饰性，其造型是女子背牌图案的"简化版"，具有与背牌图案同样的美感，即绘画和蜡染之美。其结构由两部分组成，一条两米左右的蓝黑相间的带子，中间接上一块方形的背袋，背袋中心还要镶嵌吊花、铜钱。

背带的装饰图案与妇女背牌基本相似，不过相对来说图案纹样会简单一些。据笔者实地调查，白裤瑶儿童背带的图案也有八种样式，但总体上都是"回"形。具体看来，区别主要在于两点，一是图案中间的简洁与繁复，即只要确保不偏离正方形的原则，方形的刺绣图案根据喜好可变换位置与加减刺绣图案；二是图案四周有无人形，人形的刺绣图案不相同，或者零星图案代替，也有的无刺绣。

本章小结

服饰是一种文化,它记载着一个民族的历史,展现着一个民族的风情。白裤瑶是瑶族的一个支系,以男子包扎白色头巾、穿着及膝的白色七分"长裆马裤"而得名,主要聚居在广西壮族自治区南丹县八圩、里湖瑶族乡,少数在贵州省荔波县朝阳区瑶山乡一带。"男人白裤青衫、女人褂衣褶裙",这是生活在南丹县的白裤瑶最显而易见的特征(见图2-19)。即白裤瑶男子盛装时,穿着及膝肥裆白裤,同时会在大腿至膝部绣着五条长短不一的红色竖条,形状类似人的五指,再配上橘红色绣花绑腿;女子身着贯头衣,背后绣着的美丽图案"瑶王大印"。其服饰蕴含着远古的文化信息,古朴神秘,构成了少数民族独特的审美意识,体现了少数民族的聪明才智。

图 2-19 集市上的白裤瑶人

在各民族文化高度互渗融合的今天,白裤瑶这种特殊的服饰装扮显得与别的民族"格格不入",却又散发出本民族美丽而又古朴独特的气质。他们衣服上的图腾，代表着传说与人民对美好生活的向往，蕴含着鲜明的地域文化特色。正是由于白裤瑶服饰保持着珍贵的原始性和奇特的艺术性，因此被列入第一批国家非物质文化遗产名录，被历史学家称为"人类文明的活化石"。而这奇特的服装却是白裤瑶人用最原始的工具与材料，把本民族的"密码"绘制在服饰上，穿在身上的。[①]

[①] 本章是在课题主持人黄三艳老师的指导下，主要由课题组成员张可女士在实地考察基础上完成的。

PART THREE
第三章

染绣结合：
白裤瑶染织技艺探微

瑶族的染织技艺历史悠久，据《后汉书·南蛮西南夷列传》记载，古代瑶族先民"织绩木皮，染以草食，好五色衣裳，制裁皆有尾形……衣裳斑斓，语言侏离①。"可知在汉代瑶族人就已经掌握了染色技法，色彩用于装饰服饰。染织技艺随着人类社会的不断发展而发展。据了解，白裤瑶服饰从原料到成品，需要经过几十道工序，每一道工序制作繁琐，并且都是由妇女亲手手工制作。通常一件白裤瑶服饰的完成往往需要耗时一年左右。白裤瑶服饰之所以特别，主要是其独特的粘膏画制作手艺，以蜡染的方式处理蚕丝布，最后其刺绣工艺更是让人叹为观止。但传统纺织技艺也在白裤瑶族服饰制作过程中起到不可或缺的作用，虽然工艺复杂，但也难不倒心灵手巧的白裤瑶妇女。从草木为衣发展到民族服饰语言的形成，白裤瑶服饰在自然演变中形成了一套本民族特色的服饰制作工艺流程，即自织、自染、自绣、自制。

第一节　制纱织布

中国纺织技术起源于原始社会，汉代时中国被称为丝国。在西汉时期，中国已经开始向西方输送蚕丝了。人类在渔猎后就掌握了搓绳子的技术，这是中国发展纺纱的开始。人们为了抵抗寒冷，在最开始的时候，使用草叶或者兽皮抵挡寒冷，遮蔽身体。这就逐渐地演化出了编、剪、缝等技术。到了旧石器时代后期，已经研制出了纺轮。随着时间推移到18世纪末期，省时省力的纺织机器出现，纺织的技术也缓慢地朝着机械化发展。与此同时，棉花已经被麻、葛等材料所代替。同一时期，中国的少数民族也研制出了纺织技术。据史书记载，在秦汉时期，位于长江中下游的瑶族就已经在使用木皮进行纺织了。发展到清朝时期，白裤瑶已经形成了自己独具特色的民族服饰。纺车、轧棉机、跑纱架、绞纱机、打棉枪、织布机等工具，成为了其制衣常用的工具。

---

① （南朝宋）范晔. 后汉书：第十册[M]. 李贤，注. 北京：中华书局，1965：2829.

我国最早的棉纺织品遗物是在一座南宋古墓中发现的,它是一条棉线毯。元代初年,朝廷已把棉布作为夏税(布、绢、丝、棉)之首,设立木棉提举司,向人民征收棉布实物,据史料记载每年多达 10 万匹,可见棉布已成为当时主要的纺织衣料。明朝出版有专门的植棉技术书籍,劝民种棉。从明代宋应星的《天工开物》中所记载的"棉布寸土皆有","织机十室必有",可知当时植棉和棉纺织已遍布全国。白裤瑶的棉织技术或许正是在明清时期由中原传入,并且将这项传统技艺传承至今。

一、轧棉

在南丹白裤瑶,家家户户都种植棉花。每年农历十月到十一月是采集棉花的好日子,采集的棉花用轧棉机把棉花籽和棉纤维分离开来,获得棉纤维。白裤瑶的轧棉都是用自己手工制作的轧棉机来完成,轧棉机是用相同大小的一根铁棒和木棍并排安置,用手摇动其旋转,就可通过相互挤压的作用把棉花籽与棉花分离,获得可用的棉纤维,以便之后棉花抽线(见图 3-1)[①]。分离的棉花籽则用袋子装起来,留作来年的棉花种子。通过轧棉机对棉花进行处理,去掉里面不需要的棉花籽,得到可用的棉纤维,才可进行之后的程序。

图 3-1　白裤瑶妇女轧棉

---

① 熊红云,詹炳宏. 匠·艺:白裤瑶棉纺/纺棉绣布做衣裳[EB/OL]. http://www.360doc.com/content/17/0911/14/37001590_686230784.shtml.

二、弹棉

弹棉，俗语称之为"打棉花"，"弹"是将棉絮弹松的意思，这是棉花加工中第二道重要的工序。弹棉花是道力气活，通常主要是白裤瑶男子进行主力劳作，当然妇女也参与其中。白裤瑶弹棉花的弹弓是用竹子制作而成，长度在三尺左右。敲击时振幅大，强劲有力，每日可弹棉六到八斤，弹出的棉花既松散又洁净（见图 3-2）。不过，现在基本都是拿到作坊弹棉花，使用的工具则是弹棉机。

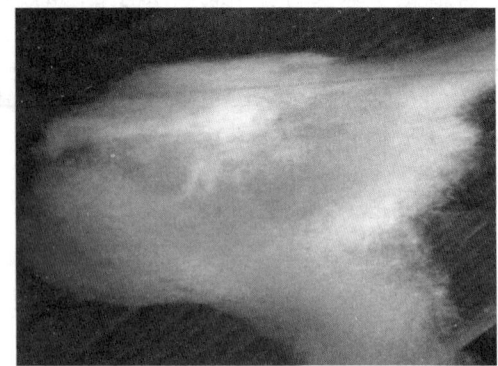

图 3-2　弹好的棉花

三、搓棉

搓棉，简而言之，就是把棉花搓成合适的大小，或用半米长左右的竹扦手工卷成棉条，才可拿来纺纱。在白裤瑶，日常的生活器具都可以用作劳作的工具，比如板凳、木棍、木板等。将弹松的棉花放在板凳上，手工搓成一根根长约 40 公分、直径约 3~4 公分粗细的圆条状（见图 3-3），或者用约 40 公分的圆柱竹扦直接裹上棉花后，用木板来回搓成棉花条，这样长短粗细大小的棉花条利于纺出细纱来。一般在年末进行这道工序，主要是为后面捻线做准备。

图 3-3　搓好的棉花条

四、纺线

纺线，也叫捻线，就是将棉花加捻成线的过程，这一步骤对后面织品的质量极为重要。白裤瑶妇女纺线一般在冬季、初春农闲之时进行，她们所使用的纺棉纱的工具是最原始的单锭手摇纺车，由绳轮架、绳轮、手柄、锭座、锭子、传动绳弦等组成。纺纱操作时，妇女坐在板凳上，从棉筒中拔一点点棉，然后将其捻成小线头接在纺车上，就可以用手摇动手柄，使绳轮带动锭子旋转，纺车就会把线头拉起旋绕，这时就要通过拇指和食指控制棉花的出量，匀速远近之间来回拉线，当棉线延长到手不能再伸的高度，就可以把手往回收缩，到与纺车持平的高度，把拉出的线缠绕在锭子上的缠线筒上，这样周而复始重复动作，通过手和锭子牵拉纤维，一小段一小段相互拉扯，就可完成捻线过程（见图 3-4）①。捻线主要是增加线的紧密性，为保证捻出线的品质和效率，拉线时要匀速地由远及近、由近及远地进行，不可操之过急，这样纺出的线才会匀称美观。

图 3-4　捻线

---

① 熊红云，詹炳宏. 匠·艺：白裤瑶棉纺/纺棉绣布做衣裳[EB/OL]. http://www.360doc.com/content/17/0911/14/37001590_686230784.shtml.

五、煮纱

煮纱也是一个重要的环节，其目的是增强棉纱线的柔韧度和韧性，而且煮过后的纱线更加光滑，便于织布。一年有两个时间段可以煮线，分别是农历的二到三月份、十到十一月份，煮线的方法基本一样。秋收过后，把稻草烧成灰，这是煮纱的原料。然后将稻草灰放进用土布和稻草做好的有过滤网的篮子里，加温水过滤出草灰水到锅内（见图3-5），用手摸草灰水，你会发觉水有滑滑的感觉，这是因为稻草灰是碱性的，它可使煮出来的线光滑且有韧性。之后将棉纱线放进装有草灰水的锅内，用胶布封在锅上盖住棉线，用大火煮开（见图3-6）。为防止忘记时间，可以在锅内放一根玉米棒子，用作定时器，待玉米完全裂开后，纱线就煮好了，捞出纱线，用清水洗涤之后，挂在竹竿上晾干。

晒干后的纱线还要做进一步处理，不然纱线会很容易扯断。这一步骤需要用到山芍、牛油、蜂蜡等材料。山芍去泥洗干净搓出乳白色汁液备用，将牛油与蜂蜡混合放入锅里熬成汁液，之后将备好的山芍汁倒入锅里，大火煮开，形成浆水。将晒干的纱线浸泡在装有浆水的锅里，用木棍搅拌棉线使其完全浸透，取出纱线再次晾干，晾晒时要将纱线中混入的山药渣抖掉。

图 3-5 过滤的草灰水

图 3-6 煮纱

六、卷纱

此工序的目的主要是将煮过的棉纱线变成一锭锭的棉纱团，为跑纱做准备。卷纱用的工具是卷纱机，将纱线固定在卷纱机的撑圈上，另外一头有轮子与旁边的棉线团连接，右手顺时针摇动手柄，依靠轮子的转动，带动竹管转动，使匝线团的纱线缠绕到竹管上，形成锭线，同时左手用布或者直接用手捋线，捋掉纱线上的毛边，使得纱线更加光滑（见图3-7）[①]。在卷纱过程中，若出现断开的线头，要将纱线和纱锭上的纱线打结接紧，接头要小，尽量不留接头痕迹，否则会影响之后织出的布的平整度，影响布面美观。

图 3-7 卷纱

七、跑纱/梳纱

跑纱是将一锭锭的棉线团排列布局在织布架上，然后再放到织布机上的

[①] 熊红云，詹炳宏. 匠·艺：白裤瑶棉纺/纺棉绣布做衣裳[EB/OL]. http：//www.360doc.com/content/17/0911/14/37001590_686230784.shtml.

过程。在白裤瑶，跑纱是极为讲究的，不是随便哪天都能跑纱。白裤瑶人一般主要集中在7、10月份进行跑纱，因这段时间刚好是农闲时间，天气又好。但跑纱还是要看日子的，一般天干中龙、猪、鸡、牛这些天数是比较好的日子，妇女们可以随便跑纱，否则要和家里人算一下时间，才能确定跑纱的日子。这是白裤瑶一直传承下来的习俗。

跑纱前需要找一个空旷、平坦的场地，用于制作跑纱阵。跑纱阵类似于回旋的正方形，由木桩围合而成，木桩与木桩按照"回"字规律排列，形成跑纱路径。笔者调研时发现，蛮降屯的白裤瑶妇女喜欢到里湖生态博物馆前面跑纱，因为那里刚好有一块平整的广场，非常适合跑纱。

跑纱工序比较繁复，需要几个妇女共同完成，并且要有实际的分工，根据棉纱的重量安排跑纱人，还要安排人将线勾在纱梳上（见图3-8）。跑纱架一次能装上10个棉纱团，跑纱人拿着跑纱架沿着跑纱路径由里（起点）往外跑，到达外围终点按原路返回，回到起点，将纱线按由下而上的顺序平行环绕在木棍上，往返循环，完成跑纱。跑纱需要几个人同时作业，才能完成，因为他们需要边跑纱边梳纱（见图3-9）。

图3-8 在跑纱机上装棉线团

图 3-9　梳纱

八、织布

传统的白裤瑶服饰需要两种布料,即蚕丝布与棉布,均由自己织造而成。

(一)蚕丝布的织造

白裤瑶传统服饰的制作是从养蚕种棉开始的。在白裤瑶的村寨中,大多数瑶民至今仍保留着种植棉花和养蚕的习惯,为制作棉布提供原始材料。白裤瑶人对棉花的种植条件非常讲究,要求选地、选时、选人。选地是指选择新地或是一两年内没有种植过棉花的土地;选时是指要选择好日子,白裤瑶人会把每天与十二生肖相对应,循环往复,所谓的"好日子"是指"龙日""牛日""鸡日"等;选人是指选择播种人,播种人最好是在农历四月份出生,如若家中没有四月出生的人,亦可请朋友家四月出生的人帮忙播种,播种人男女均可,播种时需戴草帽。白裤瑶人养殖的是名为"金丝蚕"的本地蚕种,吐出的丝为金黄色。他们一般把蚕养在竹制的筐内或簸箕中,待到吐丝时,就利用光引导蚕在木板上来回均匀爬动,边爬边吐丝,达到一定厚度,就从木板上将已成型的蚕丝布直接撕下待用。

(二)棉布的织造

织布工艺是指由纱变布的过程,在纺纱工艺完成之后,还需经过煮纱、跑纱、卷纱等工序,为织布做准备。在白裤瑶地区,白裤瑶妇女都是织布的能工巧匠,几乎家家户户都有织布机和纺车,家人的服饰都是由妇女亲手手工制作的。一套服饰的制作,往往需要经过三十几道工序,并且还受时间和当地气候的影响,所以制作一套精美的服饰大概需要耗时一年。一般白裤瑶妇女一个月织一匹棉布,一匹棉布的成品约用去棉花 25 斤(棉花都是白裤瑶妇女亲手耕种的),一匹棉布大概能制作白裤瑶女装 5 套、男装 5 套。可见,织布是件累人又费时的工序,但白裤瑶妇女从未抱怨什么,每一批布都是她们心血的结晶,都饱含着她们对生活的热爱。

白裤瑶织布使用的工具是原始的脚踏织布机。在织布前先要把棉线放置在织布机的竹片上,棉线自然而然地下垂,呈现整齐的两排纵向棉线,我们称这纵向的棉线为纬线。然后将线筒装进木梭里,就可以开始织布了。据白裤瑶妇女口述,可在棉线之间放置比布宽的稻草,织布时可使横着的线不变歪,利于织出的布平整。织布要先踩右脚,使经线两排的棉线分开,将木梭快速地穿过两排棉线抛到右手上,然后踩左踏板,两排棉线顺利地交织在一起,这时用力拉动悬挂的大木板往织布者的方向,棉线就紧紧地交织在一起了(见图 3-10)。随着足踏不停地上下运动,经线不断地被织进纬线中,通过大木板的用力打入,经线和纬线更加地紧密而严实。往复循环这个动作,保持手脚的协调性,用力要适度均匀,才能使织出的棉布平整而紧密。

图 3-10 白裤瑶传承人在织布

第二节 "斑斓勃窣"之靛染技艺

南宋周去非《岭外代答》云:"猺人椎髻临额,跣足带械,或袒裸,或鹑结,或斑布袍袴,或白布巾。其酋则青巾紫袍。妇人上衫下裙,斑斓勃窣,惟其上衣斑文极细,俗所尚也。"[①]此处周去非所描述的"猺人"当是"白裤瑶",其所说"妇人上衫下裙,斑斓勃窣"正是白裤瑶妇女服饰现在的样式,而其之所以能做到"斑斓勃窣"的艺术效果,有一大半原因是源自其独特的靛染技法。

---

① (南宋)周去非. 岭外代答校注[M]. 杨武泉,校注. 北京:中华书局,1999:119.

一、染料的制作

(一) 蓝靛

1. 染料的选择

白裤瑶制作染色工艺的材料都是植物染料,染色的材料主要使用植物类染料蓝靛草(见图3-11),即今之板蓝根,白裤瑶人称之为"马蓝"。单独使用这种植物时,不能染出蓝色,须经过特殊处理,例如发酵、氧化还原等才可,提炼出来的蓝色汁液染布经久不褪。在古时候,染衣时需要大量的这种植物,最早都是采集野生的,但由于后面用的人多了,瑶族妇女就自己种植蓝靛草。白裤瑶人几乎家家户户都种植蓝靛草,大多移栽在芋头地及箐沟边,以土质潮湿的地方为宜。

图 3-11　蓝靛草

2. 蓝靛的制作

制作蓝靛染料的过程复杂而耗时,《天工开物》中有记载:"凡造淀,叶者茎多者入窖,少者入桶与缸。水浸七日,其汁自来。每水浆一石,下石灰五升,搅冲数十下,淀信即结。水性定时,淀澄于底。其掠出浮沫,晒干者曰靛花。"[①]《本草纲目》中提到："靛叶沉在下也，亦作淀。欲作淀，南人掘地作坑，以蓝浸泡，入石灰搅烂，澄去水，灰烬入靛，用染青碧。"[②] 可见，制靛的过程是耗时又耗力，繁琐而需要耐心的。

（1）发酵。白裤瑶妇女制靛，一般是夏秋两季，这时蓝靛草生长茂盛，温度较高，利于充分发酵。女人们先把蓝靛草采摘回来，然后将靛秆和靛叶分离，靛秆可以重新扦插入土，4~5个月就会发育成熟。将靛叶放入制作靛青染料的缸内，倒入清水漫过靛叶。然后盖上盖子，密封发酵，浸泡3天左右，期间每天用粗木棍上下左右捣碎茎叶并来回搅拌一次，使叶子充分浸泡，等待色素完全吐出，溶解在水里，待水变成深蓝色并散发一种特有的"蓝味"时，就可以把茎叶一一捞起，只剩下靛质的液体。

（2）制靛。将适量的石灰粉（石灰与蓝靛叶的比例约为1∶10），慢慢倒入发酵好的液体中，用木棍使劲搅动，让其快速融合，液体和空气成分接触，使液体中的靛白完全氧化，生成非水溶性的靛蓝。搅拌过程中，若液体的颜色由黄绿色慢慢变成蓝紫色，并在水面出现蓝紫色泡花，停止搅拌。然后可将野芋叶子密实地盖在上面，以防其他东西污染，静置3~4天，石灰跟蓝靛水化合沉淀到底下，把上层的水舀出，将池底的沉淀物取出，就是膏状蓝靛染料了。

由于蓝靛草种植过程繁琐，制作蓝靛汁液耗时耗力，现在很多瑶族妇女大都去市场购买这些蓝靛染料。

（二）其他植物染料

除了上面讲述的用靛蓝做染色外，白裤瑶妇人还会用鸡血藤、大血藤、薯莨、茜草等进行染色。

1. 血藤类染料

（1）鸡血藤。鸡血藤为豆科植物密花豆的干燥藤茎，藤茎呈扁圆柱形，

[①] （明）宋应星. 天工开物[M]. 长春：吉林人民出版社，1999：86.
[②] （明）李时珍. 本草纲目[M]. 北京：中国医药科技出版社，2016：826.

韧皮部有树脂状的分泌物，呈红棕色至黑棕色，生于山谷林间、溪边及灌丛中，有活血、补血、舒筋通络等药用价值。白裤瑶妇女在山中采集回鸡血藤（见图 3-12），将其分段洗净切碎，放入清水中浸泡 1~2 天，然后将其捞出放入弱碱水里煮 2 小时左右，过滤掉残渣加入白矾煮半小时，待水温至 80℃左右时，可将蚕丝布放入，浸泡染色，染出的是红色。有时染布也会先用蓝靛染料，再使用鸡血藤染液进行复染，这样可以染出藏青色。

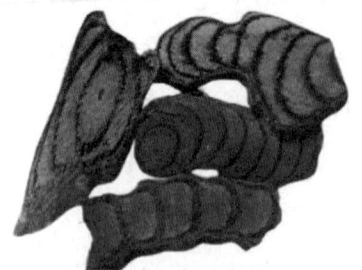 

图 3-12 鸡血藤截面　　　　　　图 3-13 大血藤截面

（2）大血藤。大血藤为木通科，属落叶木质藤本植物，与鸡血藤较相似，流出的汁液是红色的，故也被称为"红藤"。大血藤的茎是圆柱形，稍弯曲，藤皮表面呈灰棕色，有清热解毒、祛风、活血之功效。切段血藤截面呈暗红棕色（见图 3-13），将切片放入沸水中煮 2 小时，滤净后可放入织物沸水煮染 1 小时，来回翻动。煮染后的织物放在白矾制成的染液中，沸水煮约 30 分钟，捞出冲洗干净即可晾晒。白裤瑶女子常用大血藤染制蚕丝布，染出来的颜色呈暗红色。

2. 薯莨植物染料

薯莨属于薯蓣科，是一种多年生藤本野生植物。块茎一般裸露在表土层，其肉质呈棕红色（见图 3-14），因富含单宁质，是一种很好的染料。清代吴其濬《植物名实图考》卷九《山草·薯莨》有载："野生，土人挖取其根，煮汁染网，会入水

图 3-14 切开的薯莨

中不濡。"①清代方以智在《物理小识》中记载:"此物名储粮,藤似山药,以之染葛做汗衫,则不近肤而爽。"②薯莨用时需捣碎,因含单宁酸和胶质,将其汁液喷洒在织物上经过氧化,会变成红棕色或褐红色,染色后的织物纤维更有韧性。白裤瑶女子一般会将薯莨捣碎,过滤汁液,将其涂在用靛蓝染过的棉布上,然后经过多次蒸染,棉布的藏青色会接近黑色,棉布会变得更加硬挺而有质感。薯莨在这里其实还有固色的功能。

3. 茜草植物染料

茜草是一种历史悠久的红色植物染料,古时称茹藘、地血,属茜草科,茜草属多年生攀缘草本,根呈黄赤色,约长一尺,并且含有色素(见图3-15)。其根中的色素成分是蒽醌类衍生物,主要有茜素、茜紫素、赝茜紫素等。将茜草根洗净,放入清水中浸泡1天,去除黄色素,之后加清水、适量白醋煎煮3次,将每次滤得到的染液混在一起过滤,即可得到染料。如直接用茜草染料染制,只能得到浅黄色的植物本色,而染色时加入媒染剂,如红帆、蓝矾、白矾等天然重金属盐,染出的织物可以得到从浅红到深红等不同色调。

图3-15 茜草

图3-16 茜草根

白裤瑶女裙的裙摆底部蚕丝布的橙红色就是用茜草印染而成。染色时需在染液中加入适量草木灰水(含碳酸钾)进行调和。然后将蚕丝布放入染液,煮染30分钟后捞出;再入媒染液白矾水中煮染30分钟。将以上过程重复2到3次,洗净晾干,就得到了橙红色蚕丝布。

---

① (清)吴其濬. 植物名实图考[M]. 侯士良,等,校注. 郑州:河南科学技术出版社,2015:243.
② (明)方以智. 物理小识[M]. 陈文涛,笺证. 上海:商务印书馆,1936:91.

4. 五倍子

勤劳的白裤瑶女子有养蚕的习惯，他们养的蚕也叫金蚕，吐出的丝是黄色的，不够深，因此他们还会再用血藤或茜草染色。血藤和茜草一般比较难觅，因此她们就另找一种常见的替代材料——五倍子。他们从山岭上采回来五倍子的枝和叶，与蚕布一起煮水，之后就得到了黄色或红色的蚕布。她们从山上采回五倍子的叶，清洗干净后用火煮，煮后的水变成红色，这种水就是染蚕丝布的染料。再将浅黄色的蚕丝布放进染料里，以正好让蚕丝浸入水中为限，浸透后取出，放在已经铺好的木板子上，小心翼翼地铺整齐，也可放在院子里的绳子上晾晒，一天反复浸染晾晒数次即可，慢慢地就可以看到蚕丝布由黄色变成橘红色。

二、防染剂的制作

与丹寨苗族及其他少数民族不同，白裤瑶的防染剂既不是蜡，也不是生石灰和黄豆粉，它所有的防染材料来源于一种树上分泌的粘膏。粘膏树是生存于白裤瑶等地区的一种特有的树木，凿取此树就可以得到粘膏汁液。其树脂可以用来当防染剂，是防染的重要原材料。

在白裤瑶地区生长着一种叫粘膏树的树木，属于椿科。这种树通常种在白裤瑶人房边或山上，形状特征呈瓶状（见图3-17）。粘膏树汁液的采集时间十分讲究。受季节的影响，粘膏液的采集通常是在秋冬后期，夏天温度高，粘液易化不方便保存。另外，在每年的三到四月份，采集者需要提前用刀砍凿粘膏树，大都在树的中部。砍凿后的树干会慢慢地形成小孔。在此之后大约半个多月的时间，就会流出一些黄色液体。可以通过使用较小的铁片工具进行采集，粘膏汁液凝固后就会变成胶状物质，后续处理掉一些可见的杂质后即可提炼粘膏。提炼时，需要在收集的黄色汁液中加入调和剂——水牛油，同时加入适量的水。水加热两到三小时，小火慢煮，煮到液体沸腾且无明显气泡即可，冷却后会变成黑蓝色固体，这就是白裤瑶特有的防染剂——粘膏，手感很像面团，在绘制时加温溶解即可。

图 3-17 粘膏树

三、刀笔作绘——白裤瑶的独特制图技艺

1. 刀笔与竹片——白裤瑶的绘画工具

白裤瑶服饰的绘图工具是画刀和竹片。竹片是用来辅助画图的丈量工具。画刀是白裤瑶人亲手制作的,把形似板斧的钢片或铜片在竹条的一端用棉线缠绕固定,也称"铜片刀"。画刀可以分为大画刀、中画刀和小画刀(见图3-19)。大画刀主要画一些粗犷的大直线和曲线,一般的图案主要用中画刀,小画刀画图案的复杂细节。在绘制过程中,以刀代笔、以布为纸、粘膏为墨,笔笔到位,绘出与众不同的图案纹样。

图 3-19　作画刀具

2. 运刀技巧

白裤瑶人绘制粘膏画时，对火候和刀工都有着严格的要求。粘膏烧至淡黄色为宜，因其离了火会凝固，火大又会变色，这就要求控制火候，保持适当温度（见图 3-20）。刀工则要求一笔到位、运刀灵活、行刀均匀、刻之有力，布上画迹无法更改，如果一刀画错整幅粘膏画便落下瑕疵，这就要求艺人在落刀之前，图在心中，技法纯熟，才可以直接以刀绘制，做到落笔定图，一笔到位。运刀要灵活，刀笔似镰刀状半月形，每一刀下去必须要使刀面从月牙、月肚再到另一个月牙均匀落于画面，这就要求手腕必须要配合着上下滑动，灵活掌握每一次的起刀和落刀。行刀要均匀，由于粘膏画图形大多为二方连续或者四方连续，所以刀法的轨迹是分解图形笔画进行绘制，有点像流水线般地重复连续画完纹样的某一笔之后，再开始另一笔的绘制。有时候看上去不是特别复杂的图形，用刀绘制却需要分解很多的笔画和步骤，这就要求行刀均匀，否则会使画面笔迹没有规律而背离图形。刻刀要有力，由于刀是硬的，布是软的，所以每一刀下去必须要有力度和速度，才能使粘膏在短时间内就着温度有力地依附在布面上，经受住下一步的染色和脱膏等各种工序的考验。

图 3-20　制作好后的粘膏

3. 粘膏作绘

白裤瑶妇女在绘制纹样时，需先将棉布打磨光滑，以便防染剂能更好地渗透到棉布里。然后用画刀蘸上熬制好的防染剂——粘膏汁，粘膏汁是白裤瑶一种特殊的防染剂，相当于作画的颜料，用时需在盛粘膏汁的盆下面放一盆炭火，保持恒温状态。然后直接以刀代笔，蘸上熔化好的粘膏汁直接在棉布上绘制图案（见图 3-21），无须打草稿，也不需要图纸，因为图案在妇女们常年的绘制中早已烂熟于心。大多纹样都是传承下来的，基本以几何纹样为主，也有植物纹和动物纹，每个纹样都是蕴含着白裤瑶民族服饰文化的符号象征。绘制完后需要进行脱膏。故而，需将碱水、粘膏画布一起放入锅内小火慢煮，除掉画上粘膏，脱膏后即可将其放入染缸浸泡上色。

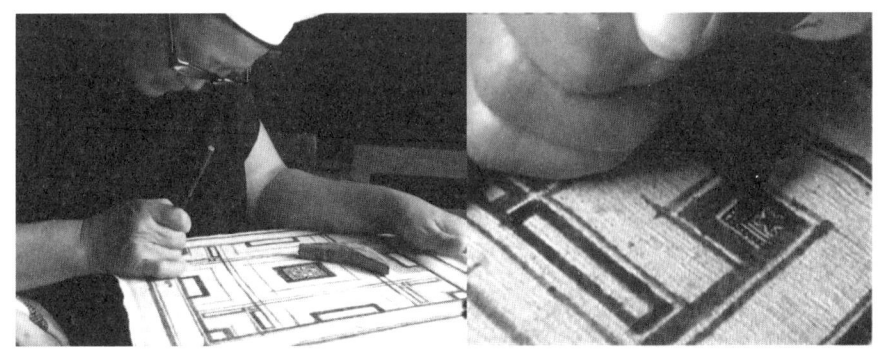

图 3-21　传承人何金秀在用粘膏绘图

四、第一次蓝靛染

白裤瑶人的蓝靛染一般放在初秋,也就是我们常说的秋老虎季节。蓝靛染最重要的一步就是制作染料,这决定着第一次蓝靛染的成败。将清水与蓝靛膏进行混合,再加入少量的米酒,在大缸中搅拌均匀,染料便制成了(见图 3-22)。下一步就是染布了,将绘制好图案的布料放进染缸中,静待两三个小时取出来晾着,半湿半干的时候再将其放进染缸中反复染(见图 3-23),一天重复四五次,整个第一次染色过程需半个月才可完成,直到布料变成自己想要的蓝黑色,第一次蓝靛染就可以告一段落了。

图 3-22　染缸

五、脱膏

脱膏是指将之前粘在布料上的粘膏取下来,这个过程也比较讲究。普通的水洗是不能将粘膏洗掉的,只能用特殊的材料,也就是稻草灰。将稻草灰泡在水中,经过一段时间的沉淀,过滤出碱水,再把需要脱膏的布料和碱水一起放在锅中煮,一定要小火慢煮。过了一段时间,粘膏就会自然脱落,这样就会显现出之前绘制上去的图案(见图 3-24)。

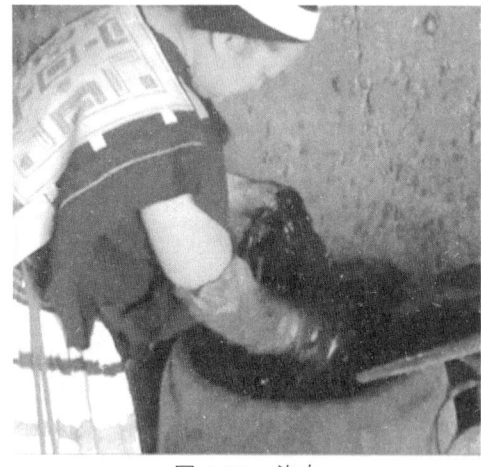

图 3-23　染布

图 3-24　脱膏

六、第二次靛染

第一次脱膏后的布料是深蓝色的背景和白色的图案相结合（见图 3-25），服饰的图案造型已经初步形成了。但是白裤瑶人通常都会进行第二次蓝靛染，让白色的图案染成淡蓝色，以追求颜色的统一、和谐，所以第二次染色的时间就要把握好。相比第一次，第二次靛染的时间有所减少，一次成型，不需要反复染色。将除去粘膏的布放入蓝靛染缸内浸泡约 2 小时即可取出，洗净浮在上面的染料，再将其晾干，用蕨根水浸泡固色，这时图案的浅蓝色与背景的深蓝色形成温和的对比（见图 3-26），就可作为图案的基底色进行花纹绣制了。

图 3-25　第一次染色脱膏后

图 3-26　第二次靛染后

七、固色

固色也是服饰制作不可或缺的重要环节，妇女们希望自己辛苦染好的衣服颜色牢固些，就选取了天然的固色剂——蕨根水。而单独的蕨根水还不足以让颜色保持时间更加长久，还需要在其中加上野淮山的汁水。将野淮山去皮滤汁，加入其中，就能达到固色和定形的效果，也为下一步的刺绣和缝制打好基础。

第三节 双数针挑绣衣纹

刺绣在瑶族服饰中占有举足轻重的地位，其刺绣的图案种类繁多、色彩古朴典雅。在白裤瑶，不会刺绣的姑娘是嫁不出去的。她们从小就跟着母亲学习刺绣技艺，长大后便已是刺绣能手了。白裤瑶服饰制作工序都是比较繁琐的，女子通常只有农闲时才能断断续续进行，一件衣服的制作，往往需要几个月，时间长的甚至可达一年。白裤瑶服饰的刺绣纹样是其独有的民族标志。其纹样多样且多是抽象、简练的，以单独的骨骼形为主要的造型单元，也有少量是二方连续。其刺绣纹样基本取自大自然，以几何纹样为主，也有植物纹样、动物纹样。常见的如剪刀花、米字纹、五指印、回形纹、"卍"纹、竹筒花、"母"纹（见图3-27）等。经过详细分析，其主要的刺绣方法有以下几种。

图3-27 "母"纹

一、挑花

相较于其他少数民族的刺绣工艺，白裤瑶的刺绣技法相对比较简单，他们祖祖辈辈口述的手传刺绣技法主要是挑绣。挑绣也叫"挑花""十字绣"或"十字挑花"。这种工艺也是以布面格眼为经纬，但图案不是由四针一组的微十字构成，而是以土布的任意一个经纬交织点为图心，挑出长短不等却十分有序的放射状线条。有的以数十条为一组，每四组构成一个"十"字，然后由无数个"十"字排列出变化无穷的纹样，有的则紧密地绕绣成方形（见图 3-28）。因此，在白裤瑶女性背牌的"盘王印""母纹"

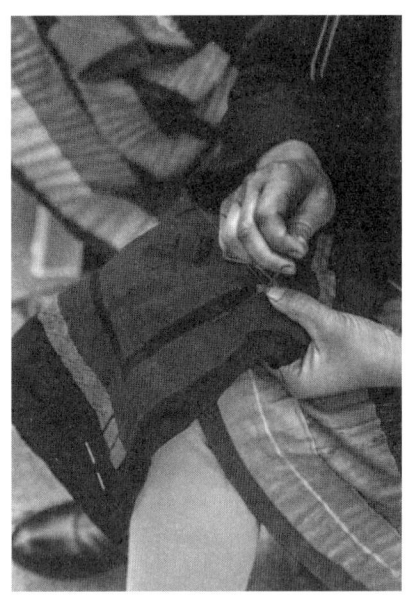

图 3-28　白裤瑶妇女在挑花

等图案上，以及腰带、绑腿的底纹，用的主要刺绣针法就是挑花，可以说挑花是白裤瑶服饰刺绣装饰中最主要的针法。挑绣的针法从工艺角度看似简单，实则对绣工的灵巧度和娴熟度要求很高，如若每一条线的松紧度不同，就会导致图案转折不均、起伏凌乱。同时因为受到挑花技法的限制，所以白裤瑶的装饰纹样多以几何造型为主。

二、锁链绣

锁链绣是刺绣针法中比较原始的，据考古发现，早在春秋战国时期我国就已经出现了这种针法。湖北马山一号楚墓出土的 21 件绣品，湖南长沙马王堆一号汉墓出土的各种绣件，均为锁链绣针法。绣出的图案特别像铁链子，环环相扣。锁链绣的刺绣方向是从右到左，第一针出针后，线甩到左边，在紧邻出针位入针，向左穿越一定的针距后出针后收线，形成第一个链环；继而在出针处旁边入针，开始又一轮的循环。层层叠叠的"锁链"就像绽开的花朵生机勃勃，又像过去女性的麻花辫，因此它又叫"辫子针绣"（图3-29）。

图3-29　辫子针绣

这种绣法常见于白裤瑶绑带、腰带的边缘装饰上。比如固定百褶裙腰头的褶子采用的就是辫子针绣法，使简单的裙腰上形成了一道横向的立体装饰线迹。辫子针绣在这里既起到固定裙子腰部的作用，又仿佛给裙子镶上了一条彩带，极富形式美感。

三、贴布绣

贴布绣也称补花绣，是一种将其他布料剪贴绣缝在服饰上的刺绣形式。其绣法是将贴花布按图案要求剪好，贴在绣面上，也可在贴花布与绣面之间衬垫棉花等物，使图案隆起而有立体感。贴好后，再用各种针法锁边。贴布绣绣法简单，图案以块面为主，风格别致大方。白裤瑶服饰中其漂亮的裙子上有两个地方就用上了贴布绣，一是在第一圈深色裙面错落有致地贴上了八块橙色蚕丝布（见图3-30）；二是在裙底也要贴上一圈橙色蚕丝布，贴好后用锁边绣将其固定。

四、铺纹绣

铺纹绣指的是用短直齐平的针法和长短针参差排列，按对象的纹理、形态、分批分层前后衔接漫游式运针。比如白裤瑶服饰中常位于男、女装上衣后面的下摆，男衣的腰带、绑腿处的米字纹（见图3-31），还有男子裤腿上"血手印"顶端的十字纹，用的就是简单的铺纹绣。线条平齐方正，呈放射状，显得格外有活力。另外，在白裤瑶男子衣服腰带、下摆、绑腿等位置上常见的"鸡仔花"图案运用的也是铺纹绣的针法，瑶女们运用长短针法，从中心处往外围发散运针，塑造出几个像"花形"的方块，构成图案。

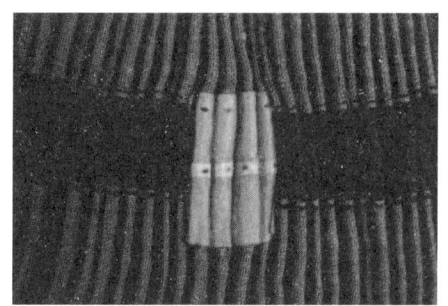

图3-30 贴布绣

图3-31 米字纹

五、锁边绣

锁边绣是采用长短针，通过套针的方法将布的正反面复合包边。其详细步骤就是先把两张同样大小的布叠在一起，然后用针在布的左上角穿过，接着往右差不多三毫米的地方再穿过去，但是不要把线拉到底，然后把已经穿过两块布的针穿进没有拉到底的线中，穿过去后，再拉紧线，然后按照上面的步骤一针针地缝，缝到底。此针法常用于男

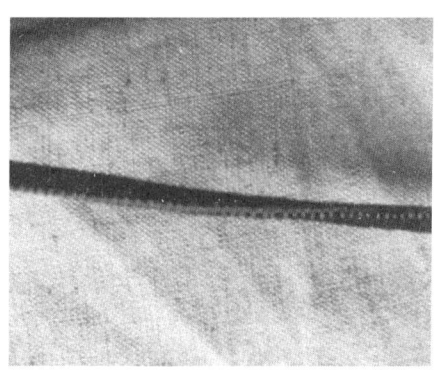

图3-32 男子黑腰带边缘

子盛装上衣后片下摆开叉的边缘、男子花腰带边缘、绑腿带边缘（见图 3-32）等需要锁边的部位。

六、小结

在白裤瑶刺绣中，无论是绣什么图案，其数量都是双数。在刺绣过程中，刺绣的针脚也要保持是双数，不能因为图案好不好看而出现单数的针脚。走访当地时，村民说："刺绣的线是双数比较吉利，可以保佑穿着这件衣服的人。"这种思想体现了刺绣人在制作衣服时所包含的对所穿衣服的家人深沉的感情，把沉甸甸的感情通过一针一线缝进衣服中，表达着最真挚美好的祝愿。

白裤瑶族流行这样一句谚语：瑶山上找不到瘸脚的猎手，也找不到不会绣花的姑娘。可以说，染织技艺也是白裤瑶服饰文化的一个重要维度。白裤瑶服饰的刺绣图案基本都是口传心授的，一般女孩子十三四岁就要跟随母亲或姐姐学习刺绣，大多刺绣纹样都是这样传下来的，这也就使得白裤瑶刺绣图案具有程式化的特点。妇女们把千百年来民族的生产生活和历史的变迁表现在服饰上，深含着民族文化历史和民族情感。

第四节 "手拃量"法制成衣

在自织、自染、自绣之后，就要缝制成衣。白裤瑶缝制工艺以传统手工制作为主。白裤瑶妇女将事先做好染色、刺绣的布料按照传统方式缝制在一起，就做成了一套具有民族特色的白裤瑶民族服饰。

一、丈量方法

白裤瑶服装的丈量方法比较独特，她们不用直尺、三角尺，不用画线等，其衡定长短大小直接用手，称为"手拃量"，直到今天仍是如此。具体的计量单位有：1 拃，就是大拇指到食指叉开的长度，约等于 16 厘米；1 指长（中指的长度），约等于 8 厘米；1 指宽（中指），约等于 1.5 厘米；2 指宽（食指加中指），约等于 3 厘米；三指宽（食指、中指加无名指），约等于 5 厘米；四指宽（食指、中指、无名指加小拇指），约等于 6 厘米。白裤瑶人就是利用这种最原始的计量办法来估算、制作他们的成衣的，既原始又独特。

二、男子衣裳缝制

白裤瑶男子服饰由上衣、裤子、配饰等组成。上衣包括花衣、盛装、黑衣三种形制，基本以黑色为主调，立领对襟无纽扣，配腰带装饰；裤子有两种形制，即平时劳作时穿的便装裤子和参加节日盛典的盛装裤子。

（一）男子上衣制作

男人穿的衣服虽然不分春、夏、秋、冬，但有普通装、盛装之分。男子上衣前后左右对称，可以概括为"折纸状 T 形"造型。盛装上衣是自里向外由四件同款单衣缝合而成，呈四层结构，从里向外每层单衣的前后衣摆处和袖口之间呈 2 指宽（约 3 厘米）的阶梯层叠状，看上去套叠了多件衣服。

男子上衣的裁剪没有标准的尺寸作为参考，也不用纸样，都是白裤瑶妇女按照惯例经验，用手拃量布料的尺寸确定服饰的长短。制作一件男子成衣，需一块宽约 45 厘米、长约 230 厘米的黑色棉布，拃量出衣身的裁片长度，由长幅位置对折，在折叠线两边留出袖口，然后从折头的中点裁剪领口，用黑色布沿着领口缝边做成衣领；沿着前幅领口中线剪开，做成衣襟，并包边缝制；把做好的衣袖缝合在预留的袖口上；后幅衣脚中间剪开一个小口，呈"八"字形，沿边用黄、红色丝线在翘出的平布上绣上漂亮的"米"字纹，从侧面看外翘部分，类似现在的"燕尾服"。这是男子常服的裁剪方法。

盛装，瑶话叫"常扣"。白裤瑶很崇拜雄鸡，所以上衣（盛装花衣）是效仿雄鸡形状特制，用布与普通装基本一样，区别在于它的衣领、衣脚、衣襟和衣袖口都用三至四寸的浅蓝布镶边，而且衣领齐耳高，呈重叠四层，形成穿一件衣服像穿四件的假象，后幅衣脚中间剪开的"燕尾"翘出平布两厘米，衣脚都用黄、红色丝线绣出斑斓夺目的花卉样，绣出四至六个间隔相等，大小二平方寸的连"米"，让衣服看起来有一种华美之感（见图3-33）。衣无扣，用一条宽25厘米、长150厘米的黑布折两次，缝成腰带（男子盛装裁剪清单见表3-1）。豪华型的腰带要用彩色丝线刺绣上金黄灿烂的图案，非常漂亮。

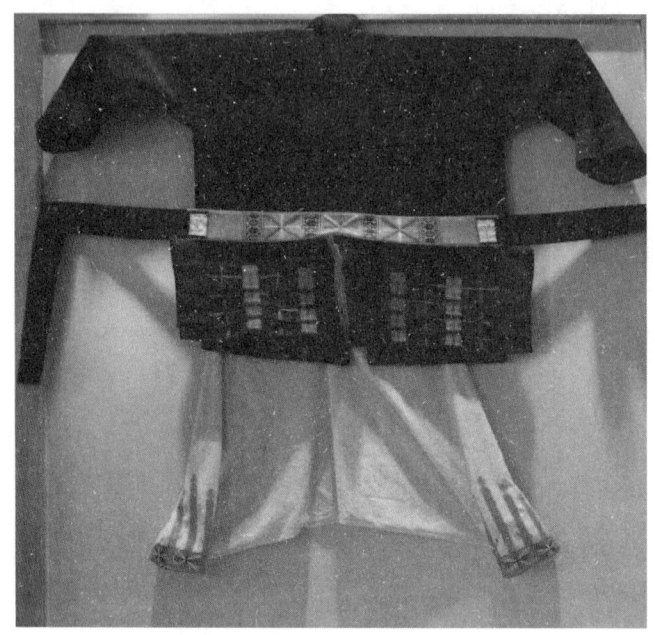

图3-33 一套男子盛装花衣

（二）男子裤子制作

白裤瑶男子的裤子是由两片裤腿、一片裤裆组合而成。裤子是用纯白土布缝制而成，裤腰约90厘米，裤头左右折叠扎稳后，裤裆就会成尖三角形且肥大。裤子的缝制较为原始，将三块裁剪好的同样大小的白布缝合起来，形成长方形布料，然后将其进行折叠、缝缀，便可制成裤子。普通装用两块分别长30厘米、宽7厘米的黑布在左右裤脚口缝好。豪华型则在裤脚口用红丝线绣上五指花柱，每指间隔2厘米，中间最长一根15厘米，次之12厘米和

9厘米各两条。在鲜红的"五指"上都绣有一个"十"字架,表示祈求平安无恙。裤脚上绣制的五指柱花纹,也叫血手印(见图3-34)。

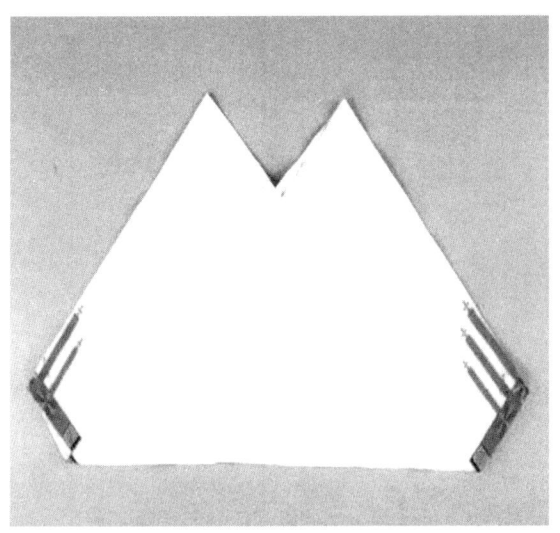

图 3-34　男子裤子

表 3-1　男子盛装裁剪清单

上衣	长度	下裤	长度
1层前后衣长	3拃+1指长	裤腰围	5拃
2层前后衣长	3拃+1指长+2指宽	裤片长	4拃
3层前后衣长	3拃+1指长+4指宽	裤片宽	4拃
4层前后衣长	4拃	裆片长	3拃
1层衣宽	4拃	裆片宽	4拃
2层衣宽	4拃	裤口围	2拃+1指长
3层衣宽	4拃	裤口装饰边长	2拃+1指长
4层衣宽	4拃	裤口装饰边宽	3指宽
1层胸围	8拃	花腰带长	10拃
2层胸围	8拃	花腰带宽	1拃
3层胸围	8拃		
4层胸围	8拃		

续表

上衣	长度	下裤	长度
1层腰围	8拃		
2层腰围	8拃		
3层腰围	8拃		
4层腰围	8拃		
1层袖长	3拃		
2层袖长	2拃+1.5指长+1指宽		
3层袖长	2拃+1.5指长+1指宽		
4层袖长	2拃+1.5指长		
1层袖围	2拃+1指长		
2层袖围	2拃+1指长		
3层袖围	2拃+1指长		
4层袖围	2拃+1指长		
1层领围	1拃+1指长		
2层领围	1拃+1指长		
3层领围	1拃+1指长		
4层领围	1拃+1指长		
衣身包边宽	4指宽		

三、女子衣裳缝制

（一）女子褂衣的缝制

白裤瑶族妇女穿的也分为盛装和简装两种。盛装是由多层重叠褂衣与百褶裙搭配；简装由一件褂衣或黑上衣与裙子搭配。其中褂衣很有特点，它由前后连块对称类似正方形的版块组合而成，中间露乳不合缝，前面版块为黑色，后面版块染为蓝色底，上面绣有"田"字图案，其图案为"瑶王印"。这种褂衣属于贯头衣，沈从文《中国服饰史》说贯头衣"大致用整幅织物拼合，不加裁剪而缝成，周身无袖，贯头而着，衣长及膝"①。日本学者猪熊兼繁在《古代的服饰》中指出："所谓贯头衣，就是在一幅布的正中央剪出一条直缝，将头从这条缝里套过去，然后再将两腋下缝合起来的衣服。"②贯头衣是白裤瑶平常最常见的一种服饰，其实从着装类型来看，白裤瑶女人的盛装也属于贯头衣。

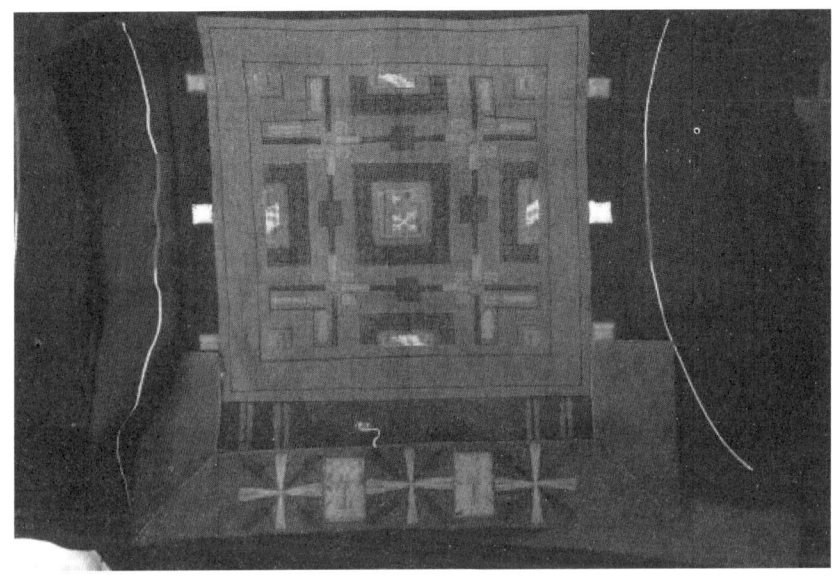

图3-35　女子贯头衣后面背牌

　　女子褂衣为对称方形造型，白裤瑶妇女为了使布料不浪费，一般都选取整幅布幅来制作上衣，保持布料的完整性。前幅是一块长45厘米、宽36厘米的黑布，后幅是用粘膏仿照瑶王印的模样画出的瑶王印图案。制作时，先用手拃量出衣身的长度；然后裁剪、裁片锁边，与男子上衣制作类似。因贯头衣是无袖的，用一块三寸宽的蓝布镶上两边，把前、后两幅针缝合好，再用两条三寸五分宽、三尺四寸长的黑布沿边缝上袖子，其周长比前、后幅略长一些，这样一件褂衣便完成了（女子盛装裁剪清单见表3-2）。

---

① 沈从文. 中国服饰史[M]. 西安：陕西师范大学出版社，2004.
② 周菁葆. 日本正仓院所藏"贯头衣"研究[J]. 浙江纺织服装服装职业技术学院学报，2010（6）：38.

表 3-2　女子盛装制作工艺清单

上衣	长度	百褶裙	长度
1 层前片长	3 拃	裙长	3 拃
2 层前片长	3 拃	裙宽	25 拃
1 层前片宽	2 拃+0.5 指长	腰头长	5 拃
2 层前片宽	2 拃+0.5 指长	腰头宽	4 指宽
1 层后片长	2 拃+0.5 指长	橘色蚕丝面料长	25 拃
2 层后片长	2 拃+1 指长	橘色蚕丝面料宽	4 指
3 层后片长	2 拃+1 指长+1 指宽	黄色蚕丝面料长	25 拃
1 层后片宽	2 拃+0.5 指长	黄色蚕丝面料宽	0.5 厘米
2 层后片宽	2 拃+0.5 指长	裙边托长	24 拃
3 层后片宽	2 拃+0.5 指长	裙边托宽	4 指宽
1 层后摆包边布长	4 拃+3 指宽	挡片长	3 拃
2 层后摆包边布长	4 拃+1.5 指长	挡片宽	1 拃
3 层后摆包边布长	5 拃+1 指宽		
1 层后摆包边布宽	1.5 指长		
2 层后摆包边布宽	1.5 指长		
3 层后摆包边布宽	1.5 指长		
1 层袖窿宽	约 1 指长		
2 层袖窿宽	约 1 指长		
1 层袖窿长	7.5 拃		
2 层袖窿长	7.5 拃		

女子还有一种平常穿的黑色常服，其制作方式与男子便装类似，区别在于后幅不用"开叉"。相对于现代服饰，白裤瑶族服饰结构相对来说简单一些。因为白裤瑶族崇拜自然，生活习俗也以方便简洁为主，所以缝制成衣这一步骤是整套服饰制作中相对简单的一环。

（二）女子百褶裙的缝制

百褶裙是白裤瑶族妇女服饰重要组成部分，其制作过程也极具代表性。白裤瑶的百褶裙制作工艺较为繁复，一般制作一条百褶裙要花上五六个月的时间。

百褶裙是其白裤瑶女子服饰中最为漂亮的，它主要是以粘膏染制而成。裙身以蓝色为主色，深浅相间，由三幅长四尺、宽一尺四寸的长方形蓝染布片抽褶拼合而成，裙长及膝。裙面共有三圈深蓝色蜡染图案。由裙头往下，第一圈错落有致地点缀八块橙黄色方形蚕丝布，横向均匀排列。第二圈和第三圈为深蓝色几何纹图案，瑶话叫"裙带线"，图案一般用回形纹，不过女孩子出生后的第一条裙子，图案是网状的（见图 3-36）。然后把三块用丝线刺绣点缀成斑斓艳丽的瑶锦缝合一起，绣上长形如发辫的裙底脚线，以此为界，往上七分和两寸两分处，分别缝上一块二寸长、一寸五分宽的红蚕丝布（见图 3-37）。最后，用两条两尺三寸长的布带穿过裙头，折叠成百褶裙（见图 3-38）。

百褶裙底部的橙色与第一圈腰间的橙黄色图案形成巧妙的呼应，整体蓝黑相间、红蓝对比、点面结合、方圆对应。一系列形式美法则的运用，使得白裤瑶的百褶裙美感十足（见图 3-39），反映了白裤瑶人极高的审美意识。

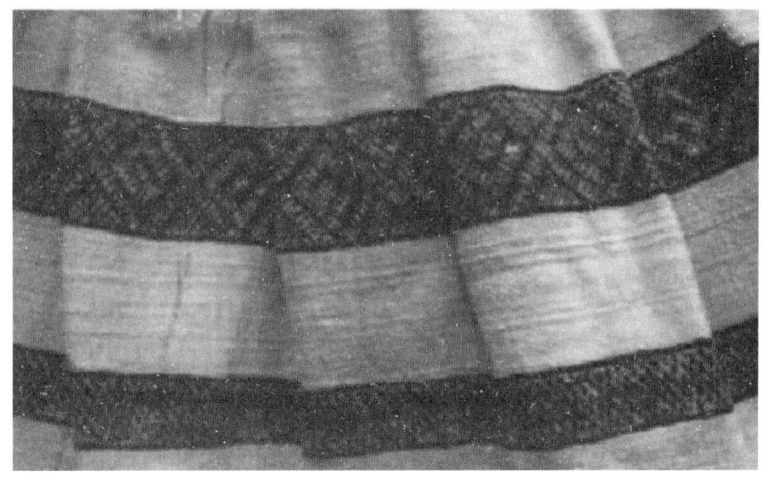

图 3-36　女童第一条百褶裙图案

图 3-37　成人百褶裙图案

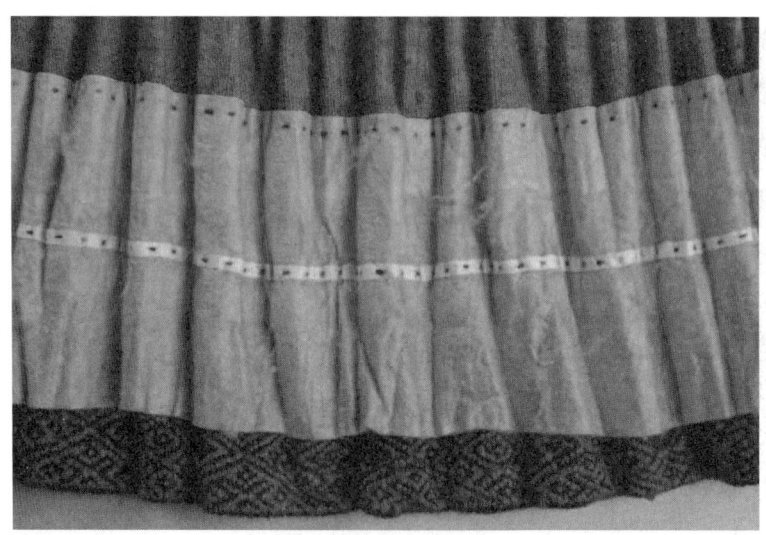

图 3-38　裙摆底部

图 3-39 百褶裙

3. 百褶裙的定型工艺[①]

既然叫百褶裙,其褶子的定型就十分重要。白裤瑶人会把染好晒干的蓝染布料平放在竹席上,然后喷洒上一种中药——白芨汁。白芨汁可以使布面变硬,这时就可以用手将其使劲捏成一条条宽窄一致的褶子,每个褶子的间隔约为 0.5 厘米,褶量宽为 1.0 厘米。接着用针穿双股棉线将这些捏好的褶皱串连起来,在距离腰口 1~2 厘米处固定,使之定型。定好腰部的型后,用手指顺着褶子向下刮,捋至裙下摆,上下贯通,捏成百来条重叠相连的褶皱;然后在中段两处再用两条棉线逐个串连起来,并夹杂黄色蚕丝布贴好拉紧,使褶子逐个依次排列固定;最后还须将制作好褶皱的裙子"穿"在一个圆形的专用的竹制箩筐上,注意要把裙子上的褶皱对齐拉平,再用棉线将其捆绑固定(见图 3-40)。将其放置在阴凉处固定 7 天左右,这时百褶裙的褶皱基本定型。然后将裙子从箩筐上解下来,抽去定型用的棉线,平铺在竹席上,再用双手拇指和两只脚拇趾摁住裙子上下的褶皱,用白芨汁均匀喷洒,拿到太阳底下晒干,这样一条纹理清晰、造型飘逸的百褶裙就算制作完成了。

[①] 汪薇. 南丹白裤瑶女子盛装缝制工艺研究[J]. 轻纺工业与技术,2018(5):56-57.

图 3-40 绑在箩筐上定型的百褶裙

本章小结

服饰作为一种物质文化,是民族文化的重要组成部分。郭沫若曾说:"服装是文明的象征,服装是思想的象征。"白裤瑶服饰历经沧桑岁月的洗礼,更显古朴典雅而又蕴含深厚的历史文化内涵。白裤瑶民族服饰图案极具特色,古朴厚重、朴素典雅的服饰色彩,是对大自然的再现描绘。其五彩斑斓的色彩、神秘的图案纹样、独特的制作工艺和别具一格的传承方式,成为白裤瑶民族文化的重要载体。它独特的染织技艺是白裤瑶民族智慧的结晶,是族不老的艺术形式。

在染制工艺方面,白裤瑶族坚守传统,较大程度地保留了以自然植物染剂为材料、纯手工制作的特点,防染工序复杂,图案纹饰丰富,题材多样,制作精美。白裤瑶的服饰手工技艺是靠祖祖辈辈的妇女口耳相传的,需要历经一年的春夏秋冬才能制作出一套,而男女的盛装,每人一生中最多有两套。它的制作工序复杂而繁多,共有 18 道:种棉→收棉→晒棉→扎棉→弹棉→制棉条→纺纱→制纱球→跑纱→梳纱(见图 3-41)→绞纱→织布→压光→描图→染布→脱蜡→刺绣→手工缝制→成品,制作中用到的工具有 30 多种(扎棉机、纺纱机、绕纱机、织布机等)。正因为它手工技艺精湛而独特,已被列为"国家级非物质文化遗产保护名录"。

图 3-41　正在梳纱的白裤瑶妇女

白裤瑶绣染结合的服饰文化不仅是白裤瑶人的一项重要服饰工艺，更体现出白裤瑶族的审美情趣和文化寓意，是属于人类的重要文化遗产。他们的服饰纹样来源于他们长期紧密生活的自然环境，同时与白裤瑶的历史变迁、发展息息相关，受当地社会环境、生活、审美等诸多因素的影响。白裤瑶妇女们把千百年来民族的生产生活和历史的变迁表现在服饰上，深含着民族文化历史和民族情感。

随着现代社会和商品经济的高速发展，时尚而简便的汉族服饰流入瑶族地区，简便而实惠的汉族服饰冲击着白裤瑶传统服饰，但大多数白裤瑶人还是喜欢穿着民族服装，特别是老人，哪怕是在田地里劳作，都爱穿着民族服饰。然而随着经济的快速发展，很多年轻人外出打工，导致白裤瑶纺织工艺不能很好地传承，大多数白裤瑶青年女性对民族服饰的制作慢慢地知之甚少，这也是白裤瑶服饰工艺濒临危险的原因之一。

PART FOUR

第四章

族群记忆：白裤瑶服饰的文化象征意味考察

第一节 关于象征人类学[①]

一、象征人类学的概念

作为人类学体系中的一个重要分支流派,象征人类学兴起于20世纪六七十年代,代表性人物有特纳(Victor Tuner)、利奇(Edmund Leach)、格尔兹(Clifford Geertz)、玛丽·道格拉斯(Mary Douglas)、科恩(Abner Cohen)等,其主要的研究对象是人类文化的象征符号和象征意义。象征人类学把文化符号看作是一种能够表达观念及传递信息的象征体系,因此,它主要是基于主客体的视角来探讨各式文化符号在社会生活中所承载的隐喻意味。象征人类学界重要的学术著作有《象征之林》《文化与交流》《洁净与危险》《象征的分类》《文化的解释》等。

象征人类学家如瞿明安认为:任何文化象征,均是由象征符号和象征意义两种要素组合而成的复合体。其中象征符号是象征意义的信息载体,它们一般以可感知的以及外显的形式显现在外部世界,是特定人群存储思想的媒介,担负着传递信息的重要职能,属于象征体系中的表层结构。象征意义则是象征符号所蕴含的隐喻意义,即隐藏在象征符号之下的文化密码,代表了特定人群对特定文化的认知和情感寄托,属于象征体系中的深层结构。[②]

20世纪60年代,西方学术界对象征人类学关注度越来越高,并认为它是新的学术研究潮流,象征人类学研究得到了飞速的进步和提升,是象征研究中的热门学派。从本质上来讲,人类学并不能完全包括象征人类学,象征人类学更加偏向于通过探讨符号本身所代表的文化内涵和人类学思想的研究思路。此类研究的脉络遵循了社会学、人类学、哲学以及符号学的学术传统,

---

[①] 本章在广西师范大学设计学院刘世军教授的指导下,由主持人黄三艳、课题组成员张可共同完成,部分内容参考刘世军《白裤瑶服饰技艺及其文化内涵解读》一文,并征求作者刘世军教授的同意全文收入本书。

[②] 瞿明安. 象征人类学理论[M]. 北京:人民出版社,2014:6.

第四章 族群记忆：白裤瑶服饰的文化象征意味考察

对人类学最早研究的仪式、神学、巫术等研究进行了融合，将"符号隐喻"当作主要的研究领域。在对象征人类学进行回顾之后发现和特纳、施奈德尔等学者之间有十分密切的关系。特纳在对结构功能的研究思路进行细致的研究之后总结出，新的象征机制代表着人类的仪式象征。[①]他强调，社会中的仪式活动都带有象征意义，所以，可以将象征的研究重点放在仪式上。从本质上看，象征的本质特征是"两极性"：一是对人类生物体体验密切相关，必须带有人类生理特征和自认特点；二是对人类社会体验密切相关，必须带有人类的社会价值观念以及社会组织结构，两者均统一于象征。在学术语境下象征即对一些复杂的事物、含义以简明的方式进行表述，或对具有相斥的事物或含义进行统一融合。仪式活动中的象征性行为是从社会结构之内分离出来的，人们在整个过程当中，完成自己身份的转换，解决冲突，宣泄自己的情绪。进而可以恢复社会的平和和稳定。玛丽·道格拉斯和特纳的关注点是相似的，将社会秩序和象征结合在一起。她提出，人类觉得一定是社会行为通过某种象征行为或象征符号构建一套系统秩序，一旦出现不能解释或者不能归纳为某种象征意义的，便以"肮脏"这样的词汇形容事物和行为，这是人类行为文化的一段过程，旨在确保社会秩序的合理性。[②]

格尔兹在马克斯·韦伯社会行为理论的基础之上，对文化研究进行重新定义。他指出，文化不仅是人类思想中的一个主观概念，而且是一个内容复杂、难以把握的模糊体，是公共符号系统的具体体现。象征符号所表达的概念体系使人们能够交流和发展对生活的认知和态度。这一观点不但为"文化"概念提供了客观内容，同时也为文化研究指明了前进的方向。施耐德提出的"文化系统"的概念体现了学界关注社会行为的高度地位。与象征的体系和社会功能相比，逐渐将关注的重点放在了象征的主要运作过程，在这种程度上，可将此研究称之为"解释人类学"。

---

① [英]维克多·特纳. 象征之林[M]. 赵玉燕，欧阳敏，徐洪峰，译. 北京：商务出版社，2006.
② [英]道格拉斯. 洁净与危险[M]. 黄剑波，柳博赟，卢忱，译. 北京：民族出版社，2008.

符号人类学在 1960 年至 1971 年间形成了一种特定的形式理论，成为继结构主义之后人类学理论的又一重要研究趋势。中国象征人类学的研究起步晚于西方，但是中国幅员辽阔，民族众多，历史悠久，因此中国有许多独特的民间文化象征体系。这为中国符号人类学的发展带来了便利。与汉族民间信仰相关的早期研究当中，一些象征性的表达方式逐渐发展起来，其中，王思福提出的"帝国隐喻"，吴雅诗等人提出的"神、鬼、祖先"等模式，都能表现出汉族在民间社会中较强的"隐喻模仿"。周星对"桥"民俗的文化象征意义做了针对性地分析。白更生对东巴神话象征和东北少数民族萨满教的象征意义进行了研究。王洪刚、景文理、于国华对象征意义的关注方向是中国象征符号研究的全部优秀著作。从当前的国内研究来看，学者们对于象征人类学的理论引进基本完成，也有一定的研究成果，但对各个民族的人类学田野调查和结论还是较少的，尤其是专注于某一个民族，并且对其民族文化进行系统、全面的考察研究，包括宗教信仰、民族服饰以及特色活动，等等，这些方面都较为缺乏。从中可以看出，我国在实地调查方面，象征人类学理论仍旧有极大的发展空间。

二、象征人类学在我国少数民族文化研究中的应用

相对于学习西方学者的理论研究方法，我国有着不一样的风土人情，关于象征的研究方法，我们更加突出少数民族研究，20 世纪 80 年代，我国学者就开始将重心放在了少数民族象征人类学研究中，也取得了一些喜人成果。总结起来，主要涉及以下几个方面的内容：

首先是历史和文化的标志：着装与象征。邓启耀和杨鹍国作为该领域的两大杰出代表。邓启耀的代表作品是《民族服饰：一种文化符号——中国西南少数民族服饰文化研究》[①]和《衣装秘语：中国民族服饰文化象征》[②]，杨

---

① 邓启耀. 民族服饰：一种文化符号——中国西南少数民族服饰文化研究[M]. 昆明：云南人民出版社，1991.
② 邓启耀. 衣装秘语：中国民族服饰文化象征[M]. 成都：四川人民出版社，2005.

鹍国则以《苗族服饰——符号与象征》[①]和《符号与象征——中国少数民族服饰文化》[②]为代表。邓启耀认为，服装不仅具有防风、防雨、防羞、美化的功能，而且还可以通过服装看到其隐藏的象征意义，例如神话传说、民族信仰、血统、社会承诺、家庭承诺、氏族的承诺、社会规范和其他具有多种多样含义的文化符号。杨鹍国认为不同民族的服饰可以代表不同民族的文化。同时，他还对不同民族服饰的生产工艺等做了对比，全面地介绍了民族服饰的不同价值和含义。除上述专家著作外，学界在服装象征文化研究方面也取得了丰硕成果。迄今为止，已有150多部（篇）关于服装的象征文化的论著，例如潘定红的《民族服饰色彩的象征》[③]等。

其次是生活中的物质符号：民以食为天。例如曲敏安教授在此领域做了开创性的工作，在食品象征文化领域的研究和历史理论研究、中国历史研究以及中国文化论坛曾经刊登了诸多和食品象征相关的论文，对食品象征文化展开了全面的研究和探索。同时，把符号理论运用到饮食文化当中，使该书成为饮食领域深度较广的一本书籍。

此外是文物的形态所拥有的内涵和象征意义。目前，学者们已经对各种文物的象征性进行了研究，例如桥梁、吉祥物、钟声、建筑花园、枕顶刺绣等。祁庆福对少数民族吉祥物象征文化的研究最为系统。尽管"符号"一词在他的《中国少数民族吉祥物》[④]一书中很少出现，但它是一本结合理论讨论和数据统计来研究吉祥物的书，同时，此书也被当作是一个具有象征意义的书籍。另外，与传统吉祥物象征研究相关的学者中，向柏松是一大杰出代表。另外，还有很多学者针对民间剪纸艺术的象征意义做了研究和探讨。于华则针对中国的铃铛象征文化做了详细的探讨，他对风铃象征文化从最初的萌芽、形成再到之后的发展等多个方面都作了研究。他将枕套刺绣材料作为研究基础，结合多个学科的理论方法，着重分析枕套刺绣图案所代表的文化

---

① 杨鹍国. 苗族服饰——符号与象征[M]. 贵阳：贵州人民出版社，1997.
② 杨鹍国. 符号与象征——中国少数民族服饰文化[M]. 北京：北京出版社，2000.
③ 潘定红. 民族服饰色彩的象征[J]. 民族艺术研究，2002（2）.
④ 祁庆福. 中国少数民族吉祥物[M]. 成都：四川民族出版社，1999.

意义。

在上述学者对物质文化的象征意味进行分析之后，国家开始注重非物质文化，国内学者们紧跟时代，开始把非物质文化领域的象征研究作为新的重点，其中民族的仪式、神话故事、音乐舞蹈等均有涉足。

第一，仪式与象征。在象征人类学中，仪式被广泛地研究和探索。其中，象征人类学大师特纳之所以如此有名是因为其对恩丹布人的仪式研究，[①]中国的学者在此基础之上作了诸多补充。学者瞿明安的研究方向是极为受关注的。该学者强调，宗教生活中象征有极大的意义，他不但是神灵的标志，同时又是人和自然的纽带，人们常常通过宗教象征来表达对神灵的信仰。

第二，文化传承的载体：神话和象征。在神话和象征方面，白庚胜的研究无疑是最前沿的。他不仅从整个神话符号研究的角度讨论了研究的意义和方法，而且将理论研究方法应用于纳西族东巴神话的研究中。[②]

第三，在肢体语言中传递信念：舞蹈和象征。目前，从文化分析的角度出发，讨论舞蹈及其象征意味的经典著作是《萨满教舞蹈及其象征》一书，由王宏刚、荆文礼、王国华合作，书中指出，在萨满教舞蹈中已经建立了系统的符号体系，使萨满教舞蹈不仅具有美学价值，而且还具有更重要的社会文化功能。[③]因此，为了理解民族舞蹈的象征意义，除了进行深入、详细的研究，还必须在其物质文化和精神文化的背景下进行考察、探索和研究，才能真正理解民族舞蹈。

由上述可知，象征人类学理论为民族文化研究指引了方向，对于白裤瑶族的研究也是如此。本章拟从历史背景、生活习俗、宗教崇拜等诸方面出发，以象征人类学为理论基础，研究白裤瑶服饰背后的象征寓意和民族文化意蕴。

---

① [英]维克多·特纳.象征之林：恩登布人仪式散论[M].北京：商务印书馆，2006.
② 白庚胜.神话与象征——以东巴神话为例[J].百色学院学报，2009（10）.
③ 王宏刚，荆文礼，王国华.萨满舞蹈及其象征[M].沈阳：辽宁人民出版社，2002.

第二节　白裤瑶服饰的装饰特征

人们在欣赏一件精美的艺术品时,首先映入眼帘的是这件艺术品的色彩、纹样等,对于白裤瑶服饰来说,它们是构成白裤瑶服饰艺术的基础,也是其艺术价值最重要的体现。白裤瑶族服饰在我国传统民族服饰中是具有一定代表性的,它的图案特征、造型特征、色彩的搭配等均独具特色。其变幻多样而又有规律的组合方式带给人不一样的美感体验,从而引发了人们对白裤瑶服饰的探究。

瑶族服饰历史悠久,支系众多,各尽特色,本节将通过对白裤瑶族服饰的装饰特征多方面分析,探究其独特的审美特点。

一、符号化的图案特征

各个民族的服饰设计都有着本民族的独特色彩,他们对服饰的设计并不是凭空臆想来的,而是和自己民族的风俗习惯和文化特色等息息相关。从现有资料来看,少数民族服饰图案的设计灵感大多来自大自然,有些则涉及宗教文化和祖宗崇拜。主要是因为在万物有灵观念的支配下,在他们眼中,大自然中的一切事物都是活的,有灵性的,并被某一种神秘的色彩所笼罩。白裤瑶人常年都居住在深山之中,所以他们衣服的装饰图案也大都是从这些大自然的万物之中挑选出来的。在一代又一代白裤瑶妇女对其不断地加工之下,具象的自然万物逐渐地变成抽象的样式,日渐地符合该民族的审美。单单从这一点上来看,这种与自然接轨的特性和其他的少数民族没有什么本质的差别,差别仅在于他们的思维方式及造物理念,其图案的设计不但是对本民族历史的记载,也体现了白裤瑶族人之间的深切情感,所以值得更深一步地研究和探讨。

白裤瑶服饰绝大部分的图案都是几何图形,在整个服饰中都有所体现,无论是绘画还是刺绣,都需要用到几何图形。这些图案统一具备的特点都是抽象、大方、简洁。

图 4-1 女性背牌图案

（一）瑶王印

绣在女子上衣上的图案叫作"瑶王印"，而在男子白裤子膝盖处的图案叫作"血手指印"。这两种类型的图案实质上都是直线几何图形，白裤瑶服饰上的几何图案非常多，有些是单独使用，有些将其进行重新组合。"瑶王印"和"血手指印"就是一种典型的组合图形。

"瑶王印"从整体上看就是一个正方形的四边围合图形，其装饰的重点是在中间部位，用橙色绣线进行绣制，旁边再点缀一些其他图形。但是仔细观察，没有一个女子绣制的"瑶王印"是相同的，其内部装饰图案各具特色，无论是图形的样式还是位置等都有些许的改变。具体来说，有的类似"田"字形（见图 4-1），有的类似"井"字形。经笔者询问，寨子里的白裤瑶人提到，"瑶王印"内部的染绣图形是不需要进行规定的，可以尽情地按照自己喜欢的方式和样式进行设计。每一个白裤瑶人家里都有自己的样式和图案，只要最终组合而成的还是一个整体的方形图案就行。经过白裤瑶生态博物馆工作人员的搜集，最后确定瑶王印的图案有九种基本类型（见图 4-2）。

图 4-2 女性背牌的九种类型

"瑶王印"还有另外两种特殊类型,当有人逝世,亲人会用绣有"瑶王印"的绣片来作为陪葬品。在日常生活中"瑶王印"只能用于女性服饰,但是陪葬品的画片则男女均可使用,只是有男女之分。整体造型上,女性的类似于"井"字,而男子类似于"回"字形。男子陪葬用的绣片是用几个大小一致的方形(有些是九个,有些是四个)铺在四边,象征着死后的男子还能走四方(见图4-3)。但是女性死后,其画片样式是四边的长方形都紧紧围绕在中间的正方形,类似一个"井"字,并且女性的画片只能是染出来的,上面不用任何绣线进行装饰，色彩略显沉重（见图 4-4）。从村民口中得知，女子背牌上的图案，最中间正方形的图案被称作是"大娘娘"，意味着"母"。内部类似于矛的刺绣图案，下面的图案暗指母亲，上面的则是小孩。如果图案是长方形的，就是"公"的意思。在"瑶王印"上，四个长方形紧紧围绕在正方形的四周，也就是紧紧围绕着"母"，这就代表着"母"在白裤瑶是十分重要的。对比来看，从男性的陪葬品中可以清晰地看到有四个正方形，这就足以说明男性的权利是十分强大的，从另一个侧面上也体现出了一种重男轻女的思想。并且，陪葬时男性可以随意地使用女性的画片，但是女性却不可使用男性的。

图 4-3 男子陪葬画片　　　　　图 4-4 女子陪葬画片

（二）血手指印

"血手指印"是白裤瑶男子的裤腿上特有的一种装饰图形。它绣在及膝裤腿的底部，五个笔直的橙色绣线柱整齐有序地排列着，和我们手指的排列顺序大致相同，整体上看起来十分地鲜艳醒目。五个橘红色的柱子，宽度以及间距大致是相同的，中间一根长，两边渐次变短，在每个柱子的最上方会绣有一个十字形的图案（见图 4-5）。关于这个装饰图案的来历前文已叙说多次，此处就不赘述了。

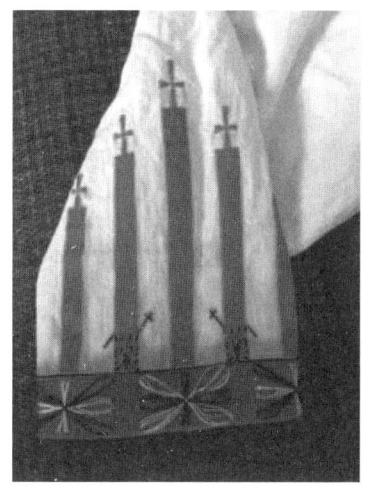

图 4-5　血手指印

（三）鸡仔花

鸡仔花也是白裤瑶常见的一种装饰图案，它是用橙色或白色的丝线，绣在男子衣服腰带、下摆、绑腿和女子的背牌等位置。这个图案的原型是鸡，包括鸡头、鸡身、鸡尾三个部分。其形状为长方形，左右是对称的，由几个像"花形"的方块构成，将丝线从中心处往外围发散绣制而成（见图 4-6）。

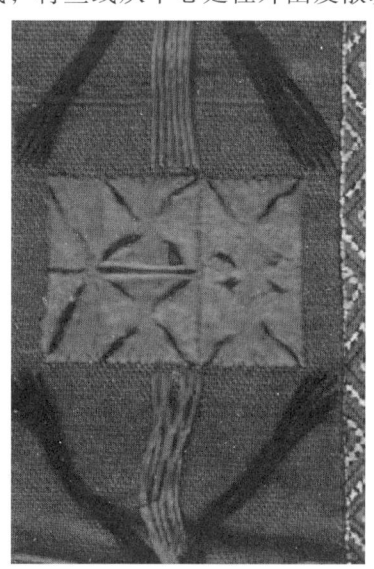

图 4-6　鸡仔花

(四)"母"纹与"公"纹

这是白裤瑶装饰纹样中的一种特殊样式,它们呈现规则的方形点状,以对角线交叉的方式,十字形成竹竿样,竿上均匀排列着细致的短线形类竹节,上面形成的十字花瓣则处于竹竿的顶部(见图4-7),此纹样的名称用白裤瑶话表达译成汉语就是"母"。这类刺绣的纹样一般分布在女衣背牌上,在瑶王印中出现得多。有"母"纹就有"公"纹,背牌的中心绣的是"母"纹,"公"纹则绣在周围四个半框内,其形类似一个斜杠,然后上下各伸出一只小手,这就是"公"纹。

图 4-7 "母"纹与"公"纹

(五)米字纹

常位于男、女装上衣后面的下摆,男衣的腰带、绑腿处,形状类似蜘蛛,也称为蜘蛛纹(见图4-8)。它多选用黑橙、黑白颜色的丝线来绣。在男、女装后面尾部、儿童帽子上,都装饰有几个这样的刺绣,中间以鸡仔花隔开。

图 4-8 米字纹

(六) 云雷纹

云雷纹是一种原始纹样,图案呈圆弧形卷曲或方折的回旋线条。圆弧形的也单称云纹,方折形也称雷纹,云雷纹是两者的统称。它本出现在新石器时代晚期,可能从漩涡纹发展而来。至商代晚期,云雷纹已经比较少见,但是在白裤瑶服饰中还存在。白裤瑶的云雷纹主要分为三种主要类别,一种是普通的,另外两种是在此基础之上变化出来的勾连云雷纹和拉长云雷纹。它主要装饰于女子背牌的边沿以及裙底(见图 4-9)。云雷纹是一种来自远古时期的传统纹样,不过白裤瑶人称之为猪脚花,可能只是一种象形的称呼,通过比对分析,我们更愿意称呼它为云雷纹。

图 4-9 云雷纹与回纹

(七) 回纹

回纹,又称回字纹,是被中国民间称为富贵不断头的一种纹样,常见于新石器时代的彩陶器和商周青铜时代的青铜器上。它是由古代陶器和青铜器上的雷纹衍化来的几何纹样,因为它是由横竖短线折绕组成的方形或圆形的回环状花纹,形如"回"字,所以称做回纹。如图 4-9 染制的裙布上层为云雷纹,下一行如"回"字一样不断地作方折循环往复的纹样就是回纹,从中也可以看出白裤瑶人对富贵,对幸福生活的向往。

(八)鱼纹

白裤瑶的鱼纹有两种主要形式,分别是抽象鱼纹和象形鱼纹。抽象的鱼纹是一种类似于风车的形状,印染在裙摆上(见图 4-10)。但是象形的鱼纹是绣在背牌的两边,四条平行线彼此相交,整体看上去像是鱼形。如果把仰韶文化半坡型彩陶盆上的抽象鱼纹与白裤瑶的抽象鱼纹或具象鱼纹进行对比,便可发现它们极高的形似度。

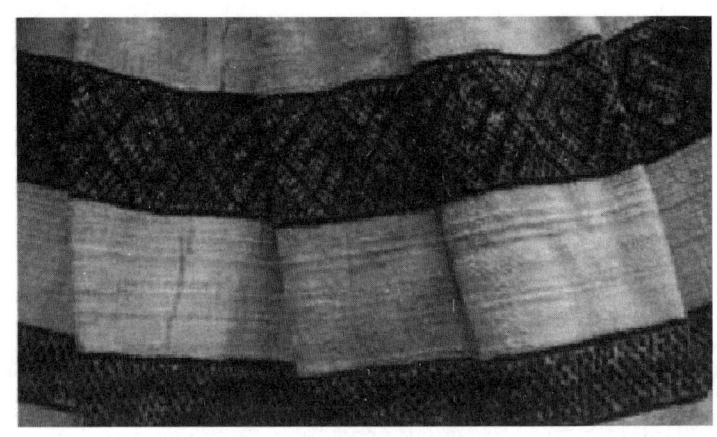

图 4-10　染织图案的鱼纹

鱼纹、云雷纹与回纹是我国从新石器时代到青铜时代比较常见的图案,它在白裤瑶服饰上不断地出现,也反映了白裤瑶文化的久远以及它对传统文化符号的继承。

(十)人仔纹

人仔纹多出现在女子头巾、小孩及男子盛装的花腰带,以及天堂被上。头巾上通常为 2~3 个人仔为一组,用绿色和红色的丝线在黑底棉布上绣制(见

图 4-11)。人仔纹体现着白裤瑶族群的生殖崇拜观念,他们期望借此助推族群人丁兴旺。

图 4-11　男子盛装腰带

二、方圆对称的造型特征

白裤瑶服饰以其独特的图形纹样和色彩搭配体现了其渊远流长的民族文化,同样的,其造型特征也是白裤瑶族人审美趣味最直观的体现。经过时代的不断变迁,白裤瑶族先从大自然中不断地探索,认识大自然的特征,并对大自然进行思考和解读,设计出了这些充满着历史和自然沉淀的造型。这些纹饰图案和整体的服装造型是白裤瑶族经年累月沉积下来的民族审美观和文化理念的凝聚。

(一)几何对称

经过观察与整理白裤瑶族服饰的造型,笔者发现,白裤瑶族服饰的纹饰图案大多是对称的。一眼望去,非常工整对仗,以几何造型为基础,大多数呈轴对称造型(见图 4-12),并且在大小和颜色上也是分布均匀,没有十分跳跃的造型和颜色。以女子褂衣为例,褂衣背后的纹饰大多是有一个"十"字形状的轴,以轴为中心分布为四块区域,进行造型刺绣,最终构成回形纹等效果。她们在这个基础上增加纹样,扩大刺绣面积,最终完成整个"大印"的形态。

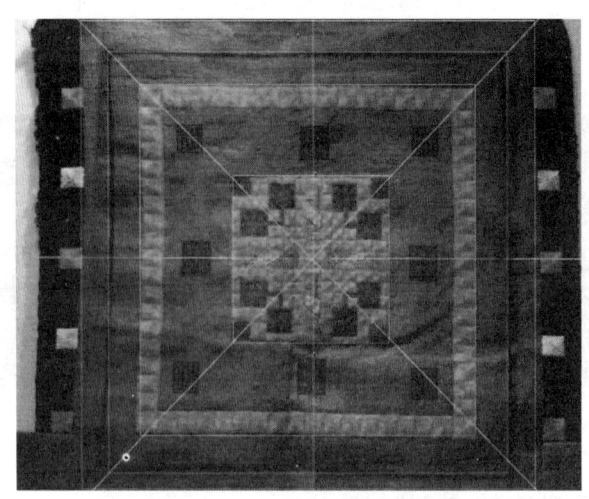

图 4-12　呈几何对称的女性背牌

并且在褂衣中，不只是大的图案工整对齐，小的纹饰也同样如此，每一条边和每一个角落都是成双成对地以对称形式呈现出来。这样的对称造型给人以古朴、大气、自然的感觉，这也给白裤瑶族服饰带来整体的庄重感。

（二）节奏与变化

白裤瑶族服饰的造型特征不只是对称统一，同样也有变化关系。比如在整体的造型中褂衣上一般以矩形为主，讲究外大内小，构成"回"字形状，而且小的刺绣图案大多也以矩形为基础造型。但在下半部分百褶裙的造型中却是以圆形为主要造型，俯看百褶裙纹饰，有几条圆形的环状装饰，层层叠叠，向外放射（见图4-13），配合其皱褶，使得白裤瑶的裙子看起来如同翻飞的蝴蝶，煞是好看。从全局上分析，白裤瑶女装的整体造型上呈现出上方下圆的形态：上面的贯头衣呈方形，下面的裙子展开成圆形（见图4-14）。上方下圆也代表着天"圆"地"方"的传统哲学观，白裤瑶族女子刚柔并济、英姿飒爽的性格特征也在这方圆造型中得以体现，也足以体现出白裤瑶族对自然的敬畏和祖先的崇拜。

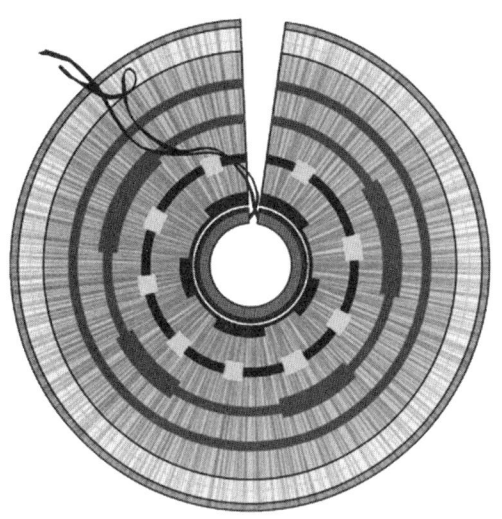

图 4-13 展开的白裤瑶裙子

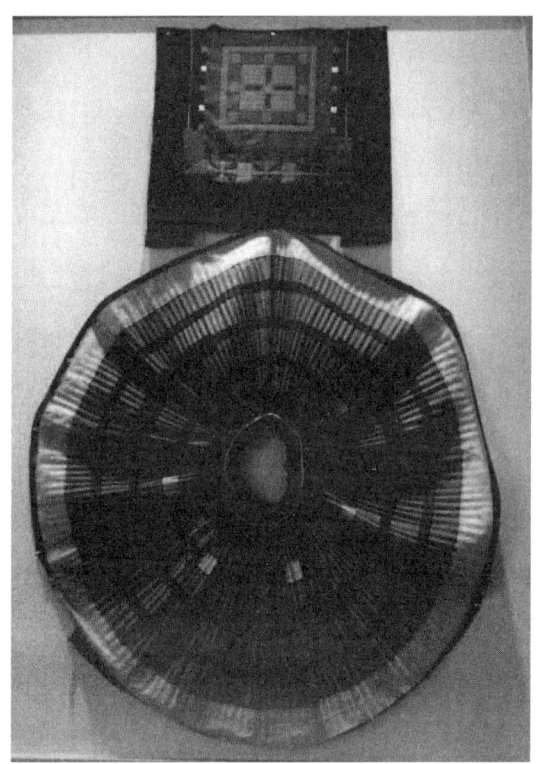

图 4-14 女性褂衣与裙子的组合

同样的变化特征也体现在其他的细节之中，包括图案纹饰大小的穿插排列，线条的长短粗细，不同的几何造型搭配组合，将整体造型充满韵律节奏地组合起来，这样的变化使得白裤瑶族服饰整体造型灵动优美，生动活泼，使得白裤瑶服饰形成独特的形式美感。

三、五彩斑斓的色彩特征

色彩搭配是除造型以外构成民族服饰艺术特征的又一重要因素。瑶族服饰以"色彩斑斓"著称，白裤瑶服饰虽然在瑶族众多支系中颜色数量较少，但同样不能脱离色彩独立存在。颜色所代表的意义能体现出一个民族的精神所在，民族的审美趣味也一样能在色彩搭配中显现出来。

白裤瑶族服饰在颜色上比较朴素，主要是黑白为主，红色和蓝色作为点缀。同样在男女服饰上也有不同的区别，女子服饰是黑、蓝为基础色，用红、黄色刺绣作为装饰；男子服饰是以黑白为主，然后用红色和蓝色作为腰间和腿间的装饰。白裤瑶服饰整体色彩上是比较朴素、灰暗的。黑色主要是男女服饰的上装和头巾，白色主要用在白裤瑶男子的裤子和头巾绑绳上。其他的鲜艳色彩，红色、黄色、橘黄等主要是刺绣图案组成色，用在女子上装的褂衣、百褶裙和男子的领口、裤腿等地方进行装饰点缀。相对便装来说，盛装在色彩上更加鲜艳一些，有更多的刺绣装饰，但黑白蓝仍然是基本色调。

从整体上来分析,实际上白裤瑶服饰色彩只有传统意义上的五色——黑、白、红、黄、蓝，其中黑色、蓝色面积较大，白色次之，红、黄二色少量。白裤瑶服饰颜色面积的多少和生产、生活的需要及民族心理有关，黑色是保护色，易于采集狩猎；蓝色让人冷静沉着；红、黄色表示希望和吉祥的寓意，同时在集体狩猎时容易被其他狩猎者发现。其色彩关系表现为：黑白二色乃明度的两级，属于高对比，红黄蓝三色在明度上又消解了这种极度对比，使之变得和谐有序。就纯度而言，红黄蓝属于高纯度色彩，而大面积的黑白又减弱了这种视觉的跳跃,使之趋于平衡;而服饰上的蓝色(灰蓝、深蓝)不仅在明度上和黑白色形成很好的呼应,在纯度上又和红黄二色形成很好的对比关系;冷暖色调明确、主次分明、秩序有度。这种简约的风格与其他少数民族的繁冗形成了鲜明的对比。

《尚书·益稷》云:"以五采彰施於五色,作服,汝明。"孙星衍疏:"五色,东方谓之青,南方谓之赤,西方谓之白,北方谓之黑,天谓之玄,地谓之黄,玄出于黑,故六者有黄无玄为五也。"[1]五色是中国传统服饰的基本色,它在中国古典哲学中寓意着天地四方,又与五行相对应,是天地万物生生不息的色彩表达,也是中国传统哲学观的文化演绎。在全球化的今天,汉族服饰已随着世界的潮流而变化万千,唯有白裤瑶,仍然守护着传统的五色,绵延流长。中国传统文化中对于自然界丰富的色彩变化哲学意义上的思考,在白裤瑶服饰艺术语言的运用上体现得淋漓尽致。

四、小结

延续至今的白裤瑶服饰文化表明,在远古时代,白裤瑶群众就已经学会运用抽象的文化符号表达生活情趣和审美理念。白裤瑶服饰寓繁于简,注重整体视觉效果的统一,在装饰上将多种元素按照自己的审美和服饰文化的表现需求进行有机结合,辅以独特的工艺手法,显示出对美的塑造的高度掌控能力。人们的智慧和精神愉悦通过这种方式传承,从而形成白裤瑶最美丽的视觉语言符号。

---

[1] 冯晓林. 历代画论经典导读 [M]. 学术版. 长春:东北师范大学出版社,2018:2.

第三节　身体装饰的多元文化表达：白裤瑶服饰的象征人类学意味考察

中国传统的民族服饰中蕴含着丰富的精神文化内涵，有着极其鲜明的艺术特色。正是因为有了这些典型的象征符号，才使得我国各民族的服饰韵味变得更加浓厚，意义深远。服装是一个民族文化的象征。白裤瑶作为南岭走廊瑶族的一个支系，其独特的造型样式与装饰图形，是在漫长的历史积淀中形成的，是其思想意识和精神风貌的体现。

民族服饰作为一种物化的精神产品，是民族文化的载体，解剖这一符号，对于我们了解这个民族的文化心理和审美心理，对于了解该民族的生存方式及宗教信仰等都有着重要的意义。本章将从象征人类学的理论视角出发，研究白裤瑶服饰的文化内涵与象征意蕴，探讨其中所隐藏的民族精神。

一、古老着装文化的当代遗存

伴随着历史的发展和积淀，白裤瑶服饰的样式已经不能满足于新时期的要求，但是正是这种带有历史文化色彩的民族服饰，才蕴含着一种十分质朴和纯洁的气息，堪称是民族的灵魂。在南方的少数民族服饰当中，白裤瑶服装可以称得上是最为古老的一种。其在诸多方面都有所体现，例如在样式上，女子的上衣从整体上看是一块长方形的布，在中间挖上一个洞，在穿衣服时，将头伸进洞中，衣服形成前后的两片，所以也叫作马鞍衣，而其学术名叫作"贯头衣"。追溯起来，贯头衣是我国新石器时期的一种典型的衣着方式。沈从文在《中国服饰史》中说贯头衣"大致用整幅织物拼合，不加裁剪而缝成，周身无袖，贯头而着，衣长及膝"。在日本，上古服饰依男女不同，大体可分为男子衣"横幅"，女子衣"贯头"。日本学者猪熊兼繁在《古代的服饰》中指出：所谓贯头衣，就是在一幅布的正中央剪出一条直缝，将头从这条缝里套过去,然后再将两腋下缝合起来的衣服。这种贯头衣原始而实用,尤其对于处于原始游耕阶段的民族来说更是如此。

1955年,在云南晋宁石寨山古滇国遗址进行发掘,其中有一件"鎏金青铜四人舞俑"引起了人们的关注(见图4-15),其中四个舞俑上衣穿着的就是"贯头衣",更巧的是,这些舞俑的下身穿着的也是百褶裙。古滇国是一个没有文字的神秘古国,大约在战国至西汉时期兴盛于云南滇池一带,距今已有2000多年。从地理上看,云南与贵州、广西交界,文化也存在相互影响。虽然没有确切的证据证明这两者之间的实质性的影响,但是有一点是肯定的,即白裤瑶上穿贯头衣,下着百褶裙的穿戴方式是一种远古服饰文化的当代遗存。

图4-15 鎏金青铜四人舞俑

另外,从着装态度上来看,也是十分原始的。白裤瑶传统的着装方式是不穿内衣,几乎是袒乳,同时也不穿内裤,这种着装态度也是上古时期所特有的。白裤瑶的这种着装态度在一些老年妇女中还存续着,2021年国庆节,笔者到白裤瑶生活区里湖乡考察，正好碰上赶圩，大街上还能看到穿两片布、袒乳的妇女（见图4-16）。总之，白裤瑶的服饰艺术是一种古老文化遗存，带有一种历史的遗韵和远古的气息。

白裤瑶原本就处于一个十分封闭性的环境当中，极少受到外界的干扰，所以在自然的演变和社会的发展情形之下，他们的生活方式、服饰穿戴方式以及生活观念等诸多方面都没有发生大的改变，保留下来最为纯真和质朴的美。

二、族群记忆的符号表达

人们经常会用文化符号来表示意义。各族人民经常会用这样的符号来代表自己的民族记忆，用于告诫及激励本民族人民不忘族史。如今这些符号已经被融入本民族的社会生活各个领域，浸润着族内人民的精神和心灵，时刻指引着人们朝着未来的方向前进。白裤服饰也是一种文化符码，传达着白裤瑶人对家园、对祖宗、对未来的期待。

（一）"田字纹"中的家园记忆

"田字纹"是白裤瑶女性背牌中常见的纹样符号，一般都装饰在"盘王印"的中心部位。按当地瑶话，"田字纹"图案主要由"meiao""bouao""jiongjia"（以上为白裤瑶的语言表达）这三种图案组成。"meiao"是白裤瑶女性背牌中"井字形"背牌中最主要的图案（见图4-17），在瑶语中象征着母亲，即由两根交叉直线所组成的正方形小格子，图案最中央的花纹就是"meiao"；此外，上下左右还有由四个小"meiao"均匀地分布在布匹的四个方位上，无论大小，这种正方形图案都被统称为"meiao"。"bouao"在瑶语中代表着父亲，整体呈长方形形状，并以十字状分布在布匹的中央，是四块大的"meiao"的连接线，"bouao"一共有四个。"jiongjia"是在四条"bouao"终端的正方形图案，"jiongjia"在瑶语中代表着田地，其形状也与田地十分相似，其图案由两部分组成：一是由两条格子组成的十字图案，二是由十六个小的方格组成的四个大方格，方格内是由六条交叉线共同组成的。

图 4-16 圩市上的两片瑶　　图 4-17 背牌中的记忆

实际上,从外形上看"田字纹"图案就像城堡或者家园,大大小小的正方形是"土地""地盘""领土"的象征。其中横亘着大小不同的线条,内部线条是田间小路的意象,其描绘了农田中的阡陌纵横的景象;外部线条则是"边界""界限"的意思。划定边界即确定其所属领土,同时表明其领土权与主导权。在边界的旁边绣有黑色的人形图案:两个人合拿着一根棍子,寓意着这块土地是属于白裤瑶的,其族人要世世代代守卫这块土地,不再让外族侵犯一寸一毫。

关于"田地"图案的来历,要从白裤瑶的迁移历史说起。据说在远古时期,白裤瑶先祖并不居住在深山老林里,他们在河边开辟了一片富饶肥美的田地,并划分了边界确定了自己的领土,他们种田养蚕、自得自乐。后来附近的其他民族也看上了这块肥沃的土地,并坚称他们才是这片土地的主人,于是有一天瑶王对这个民族的头领说:"你说这个地方是你的,那我们就来比比赛,看看这片土地到底属于你们还是我们白裤瑶的。"于是白裤瑶与这个民族展开了一场争夺田地的比赛。最终,白裤瑶由于中计被赶出了这片土地。

这个传说描述了白裤瑶人与其他民族之间的"田地"纠纷,以及白裤瑶人是怎么被赶出原本的领土,躲入了人迹罕至的大山深处中的。作为"田地"

图案来源的"导火索",也从侧面反映出了田地资源与领土主权的重要性。白裤瑶被迫离开了故土,后来长期生活在隐蔽荒凉的山林中,于是将田地的样子画的图案绣在妇女的衣裳上,让后人时刻铭记失去了田地和土地就意味着失去了领土,就要被外人驱赶出自己的家乡,并提醒族人要从战败中吸取教训,以此铭记田地的重要性。同时"田地"图案的产生亦是为了纪念与追忆逝去的家园,使瑶族人世世代代都不忘记那里曾经是他们的家乡。①

以上关于背牌纹样的解读来源于作者对白裤瑶的口述史的解读,但是对于同一个图案,在其远古史诗中却又有另外一种含义。

(二)"背带大印,腿绣五指印"中的祖先记忆

白裤瑶服饰最特别的两个装饰图案,分别是及膝白裤上的"血手印"和背绣大印。其中,上面提到的"田字纹"图案是方形的,上文的考察是基于口述史的传说,认为它是"田园"的象征。但是这个纹样又像是大印一般,从其史诗出发,研究发现白裤瑶人又称它为"瑶王印"。有学者曾说瑶人不拜神不拜祖,因为瑶人不像汉人那样在家里或家庭宗祠里设祖宗香火牌位。但是,白裤瑶服饰的独特图案却给了我们最为现实的答案。对其含义,白裤瑶人自然清楚,他们唱道:

噢唷唷

为什么我穿的花背心上印着一个金印

为什么我穿的花裙上印着九十九个花纹

今晚我才知道唷

是雅海要我们记住金印的教训

是雅海要我们记住九十九次苦难的历程

噢唷

苦胆一样苦的巴楼人唷

要把金印和苦难刻进自己的心

---

① 参考王璟. 白裤瑶文化研究[D]. 贵阳:贵州大学,2019.

噢唷唷

为什么我头上戴着一个花帽圈

为什么我穿的白裤有五条红纹

今晚我才知道唷

花帽圈是雅海献给阿者的心

五条花纹是阿者血战楼刻留下的血印

噢唷

青冈木一样坚硬的巴楼人唷

永远牢记祖宗的战斗精神

这是一首出自里湖一带白裤瑶的天地始歌,从中人们可以概括出白裤瑶服饰图案的两大特点:女人背绣大印,男人裤绣五指印(见图4-18)。歌谣中"雅海"就是传说中古代的瑶王,每个裤脚的五条红纹就是瑶王的"血手印"。由此可见,白裤瑶的服饰图案首先是表达了瑶人对祖先"雅海"的怀念与崇拜之情。①

图 4-18 裤腿绣五指印的白裤瑶男子

---

① 刘世军,蒋志龙. 白裤瑶服饰技艺及其文化内涵解读[J]. 丝绸,2015(9).

一个图案，两种解读：一是家园、田园的象征；一是对祖先雅海的怀念。看似矛盾，但是从中我们也可以看出这个符号的族群意味，它是族群远古记忆的符号表达。不同之处在于：一个是对近古坎坷生活的记忆，一个是对远古祖先的记忆。

三、族群认同的身体再现

族群一词出现在 20 世纪 30 年代，它表达的是不同的群体文化相碰撞的结果。社会学者曼纽尔·卡斯特曾经提到，人们的意义和以往的经验产生出了认同感，这也是在相关的文化特质建构中形成的。族群认同产生的前提是这个族群有共同的民族文化，比如语言、服饰、社会活动等，由此对外产生极强的"排斥"感。简单一点说，族群认同就是本族群的全体成员对自己族群的归属认知和强烈的感情依附。在民族聚集区，除了语言，衣着打扮是区分不同族群的关键。

每一个民族都有自己独一无二的文化符号。即使是在同一个民族中，因为支系的差异，其形成的文化也都各具特色。白裤瑶的服饰中"瑶王印"有"田字形""井字形""回字形"等多种形式。这种独有的特色，正代表着其不可替代的文化。单从这一点看，图像就可以将其民族标识的作用发挥到极致。白裤瑶服饰纹样作为一种独特的文化标识，始终维系着白裤瑶人民的情感，逐渐地形成了一种特殊的凝聚力。

在走访村民时，大部分老年人会觉得本族服饰是传统文化的象征，也是美的象征，"穿起来精神，好看"。对于白裤瑶人来说，本民族服饰也是他们心灵的寄托，只有穿上这身衣服，才会感到踏实、满足。因此，白裤瑶人死后一律都穿本民族的服饰，并在死者脸上盖上装饰有"瑶王印"的画片。画片男女有别，女的呈"井"字形（见图 4-19），在中间画有一个正方形纹样，四周画有四个长方形纹样，正方形代表"公"，长方形代表"母"；男的随葬画片主题图案是四个或九个正方形组成一个方形图案，在其横断骨骼线上装饰 5 个小小的长方形图案（见图 4-20）。白裤瑶族服饰是白裤瑶文化认同的象征，不论离家多远，无论什么职业，不管是生是死，只有穿上这身衣服，才有归属感，这足以体现白裤瑶服饰对族群的凝聚力，它把白裤瑶人紧紧地团结在一起，这是白裤瑶服饰的独特魅力所在。

图 4-19 女性陪葬画片

图 4-20 男性陪葬画片

任何服饰都会随着时代的变迁而有所改变，汉族服饰就是经过一系列的改变，从汉服到大褂，再到旗袍、中山装，经过中西文化的交流结合，一步步演变到现在人们所见到的各类服装。但是对于白裤瑶来说，民族服饰永远是他们内心的安全港湾，也是民族生活和民族感情的浓缩体现。虽然现在社会安定，白裤瑶已经不需要躲避外族侵害，但是服装仍旧没有改变，这也是白裤瑶族誉为"人类文明活化石"的原因。笔者不久前带领学生到国家级非遗传承人何金秀家里考察时问过她有些年轻人已经不穿白裤瑶服装了，白裤瑶传统服饰最终会不会被其他服饰同化？何金秀很坚定地回答："不会。"她说，在白裤瑶很多重要的场合必须全民穿本民族的服饰，比如葬礼、婚礼与年节，如果不穿传统服饰就不让他们参与。我突然醒悟，只有一个民族对自己的民族文化的认同感不变，那作为其载体的服饰文化才能传承久远。

四、生殖崇拜的文化表征

生殖崇拜是原始社会普遍存在的一种习俗，它是原始先民追求幸福、希望事业兴旺发达的一种表征。所谓生殖崇拜，就是对生物界繁殖能力的一种崇敬与向往。

中国传统文化中的生殖崇拜起源很早，我们今天还可以在商周时期的文化痕迹中得到一些线索。比如20世纪50年代，有学者从甲骨卜辞中看到生殖崇拜的迹象。其典型者如甲骨卜辞里"祖"字，原来并没有"示"旁，只作"且"，形如男性生殖器。因此，郭沫若认为："祖（且）妣者，牡牝之初字也。实是生殖器的象形字。"祭"祖（且）"，从原始文化的本义来说，实际上是一种生殖崇拜的表现。①

如果仔细分析，白裤瑶服饰上的图形、图案实亦有生殖崇拜的表征存在。如白裤瑶妇女背上的方形图案，一般都解读为瑶王印，但是仔细观察，它实际上像一个城堡，所以有些学者认为，这个方形的图案表示着白裤瑶的祖先来自于有城堡的地方。但是我们也可以从另外一个角度来阐释，在弗洛伊德的性学观念中，"城堡"或者"房子"是女性性器的象征。在女人的潜意识里，房子与城堡乃是她性器的象征，而窗户则是它的开口。因为在女性的意识深处，房子或城堡给其以强烈的安全感。②因此，在那个方形"瑶王印"上，中间一般为一红色的图案，旁边绣出一些方形的小格，一般为八个，这八个小格则象征它的出口，四周则把它围起来，类似于城堡（见图4-7）。又有学者认为，这个"瑶王印"源于中国古代的八卦图。按中国古代典籍传说，伏羲曾画八卦、定阴阳。阴、阳是八卦最原始最基本的符号，整个体系都是用"阴"（--）"阳"（—）这两种符号相互配合，并依次推衍而成。我国20世纪著名学者郭沫若认为八卦中的"--""—"两个符号实际上就是仿照男女生殖器的外形简化而来的。因此，《易经传》中所谓"一生二（即阴阳），二生三，三生万物"的思想，正是生殖崇拜观念的哲理化，正如《系辞上传》第一章所说："乾道成男，坤道成女。"③

白裤瑶人崇拜鸡，其服饰装饰以"鸡仔花"为主。比如白裤瑶男子便衣

---

① 郭沫若. 甲骨文字研究·释祖妣[M]. 北京：人民出版社，1952：10-11.
② 弗洛伊德. 心理哲学[M]. 杨韶刚，译. 北京：九州出版社，2008：237-249.
③ 赵国华. 生殖崇拜文化论[M]. 北京：中国社会科学出版社，1990：1-2.

为蓝黑色立领对襟衣，向上翘起，看起来像雄鸡，胸前两侧还各绣一个鸡仔花图案；盛装的上衣外沿都用蓝布镶边，腰部两边和背部下沿亦绣有鸡仔花和米字纹图案。男女成婚后，都用白布包头，男子上衣黑布平领，后衣角绣有鸡头，头巾长约 1.5 米，宽约 6 厘米，从额心部位向后包裹，在后脑交叉，盘入束好的长发，其头发向后总角，成鸡尾，活脱脱一只雄赳赳、气昂昂的公鸡（见图 4-18）。中国古人对鸡的崇拜文字记载始见于《韩诗外传》，其云："田饶告鲁哀公曰：夫鸡，头戴冠者，文也；足搏距者，武也；敌在前敢斗者，勇也；得食相呼，仁也；守夜不失时，信也。鸡有此五德。"俗称男阳为鸡，称公鸡第二性器官鸡冠为"胜"，"胜"即男阳。古人将鸡冠和男性的性器官联系起来，其寓意也是鸡具有很强的生殖力与生命力。这也是为什么白裤瑶要头戴"鸡冠"，身披"鸡仔花"的真正原因。崇拜鸡，就是崇拜生殖力的表现。以至于在白裤瑶的青年男女的婚礼上，长者要唱《喜宴歌》，赞美鸡的德行，希望新人继承和发扬它。赞美鸡，其实也是赞美它的生殖力与生命力。

古人认为长在人身上的生殖器是一种完全独立而神性的东西。起初古代人类以为生育是女性单独完成的，故早期的生殖器崇拜都以女性性器官为主。女性阴门的象征有：倒三角形、橄榄形、椭圆形和菱形。其后，古人又认为男子才是创造生命的主宰，故出现男根崇拜（即崇拜男性性器官）。女神的崇拜逐渐被男根崇拜所取代。弗洛伊德认为，凡是长形的、会膨胀的、具有动力与穿透力的物体，都可能是男性性器的象征。如果我们仔细寻找，就能发现白裤瑶服饰上的这种崇拜痕迹，比如男人裤腿上那十根笔直的向上挺的所谓"血手印"（见图 4-21）。

白裤瑶人对生殖的崇拜是有其深刻原因的。历史上白裤瑶受尽屈辱，到处流浪，最终他们定居在今广西里湖瑶族乡和八圩瑶族乡这块人迹罕至的地方，那里山高林密，土地贫瘠，外人很难进去。直到现在，白裤瑶的总人口也就 3 万多，其中八圩瑶族乡约占 30%，里湖瑶族乡就占了 48%。因此，在白裤瑶人心里，对人口增长的渴望就成了白裤瑶人的集体无意识，最后演变成其对性、对生殖的崇拜之情。表现在着装上，可以看到瑶族成年妇女上身只穿两片"褂衣"，它无领无袖，腋下无扣，长度刚及腰，左右乳房隐约可见，下身则完全不着内裤，野性的魅力凸显无疑。①

图 4-21 男子裤腿上的"血手印"

本章小结

本章从象征人类学角度出发，对白裤瑶族群服饰纹样及其审美图式进行研究，探讨其蕴含的文化意味和审美趣味，分析其对于凝聚族群记忆的作用。服饰装扮是最具有象征意味的文化载体，对于白裤瑶来说，白裤瑶服饰承载着浓郁的地方特色与深厚的文化意味，是白裤瑶族古老文化的物质体现，也是其族群记忆的符号表达。

服饰在界定人的性别角色、年龄角色、民族角色、权力角色等方面，都

---

① 以上内容参考刘世军的《白裤瑶服饰技艺及其文化内涵解读》，并已征求刘世军教授的同意全文引入本书。

有着约定俗成的特殊文化含义。同时，它不仅有区分不同文化角色的功能，还有文化认同、凝聚族群的功能。[①]白裤瑶族服饰不仅仅起到了服饰最基本的遮身蔽体的作用，还是白裤瑶族文化的身体再现。白裤瑶服饰不仅记载着本民族的历史文化，更是其族人身份特征的体现，表达着白裤瑶人对家园的怀念、对祖宗的崇拜以及对生命繁衍的祈盼之情，它对白裤瑶族群的凝聚起到了不可磨灭的作用。

---

① 邓启耀.民族服饰：一种文化符号—中国西南少数民族服饰文化研究[M].昆明：云南人民出版社，1991：15.

PART FIVE
第五章

文化赓续：白裤瑶服饰技艺的活态传承研究

第一节　非物质文化遗产的活态传承

一、关于非物质文化遗产

2003年，联合国教科文组织在《保护非物质文化遗产公约》中界定了非物质文化遗产概念："非物质文化遗产"是指被各社区群体，有时为个人视为其文化遗产组成部分的各种社会实践、观念表达、表现形式、知识、技能及相关的工具、实物、手工艺品和文化场所。这种非物质文化遗产世代相传，在各社区和群体适应周围环境以及与自然和历史的互动中，被不断地再创造，为这些社区和群众提供持续的认同感，从而增强对文化多样性和人类创造力的尊重。"该公约所定义的"非物质文化遗产"包括以下方面：① 口头传统和表现形式，包括作为非物质文化遗产媒介的语言；② 表演艺术；③ 社会实践、仪式、节庆活动；④ 有关自然界和宇宙的知识和实践；⑤ 传统手工艺。[1]按照这个定义，白裤瑶染织技艺属于第五类"传统手工艺"。

非物质文化遗产在人们的社会生活中发挥着十分重要的作用，就像上一章所提到的一样，它们在族群生活中扮演着十分重要的地位，具有非常明确的象征意味。因而，这些非物质文化遗产经过一代又一代人的传承得以保存，并且随着时代背景的变化，在原有的基础上会有所提升与创新，获得了广大社会群体对非物质文化遗产的认可和尊重，从而丰富人们精神层面的社会生活。但是随着农耕社会的逐渐消失，工业生产的勃兴，信息化时代的到来，一些非物质文化遗产正逐渐退出人们的日常生活，其生存变得愈加困难。这就需要我们行动起来，对非物质文化遗产进行保护，通过不同的途径创新发展路径，使其被人们接纳、认可与尊重。

---

[1] 刘红婴. 非物质文化遗产的法律保护体系[M]. 北京：知识出版社，2014.

二、静态保护与活态传承

针对非物质文化遗产的保护，我国先后颁布了《中华人民共和国文物保护法》《文化部关于加强国家级文化生态保护区建设的指导意见》《中华人民共和国非物质文化遗产法》等法律法规。特别是《中华人民共和国非物质文化遗产法》的颁布，标志着我国非物质文化遗产保护事业进入依法保护全新发展阶段。非物质文化遗产的传承与保护有静态保护与活态传承两种保护方式。活态传承，是指在非物质文化遗产生成发展的环境当中，在人民群众生产生活过程当中进行传承与发展的方式。活态传承能达到非物质文化遗产保护的终极目的。这是一种区别于以现代科技手段对非物质文化遗产进行"博物馆"式的保护，用文字、音像、视频的方式记录非物质文化遗产项目的方方面面的静态保护模式。详细来说，静态保护和活态传承的区别如下。

首先，静态保护方式主要是对非物质文化遗产进行记录、收集并保存。而活态传承主要是动态保护，目的是使非物质文化遗产在社会生活中长久地留存下来，并在人们的生活中发挥作用。其方法是对非物质文化进行适当的优化，以便让其适应当代经济和社会发展的要求，使得非物质文化遗产获得生命力。简而言之，静态保护就是对非物质文化的发展现状和发展成果进行保护，而动态传承主要注重对非物质文化遗产的继承和发展，并将非物质文化与现在的文化发展趋势和社会发展需要相结合，实现可持续发展。

其次，静态保护需要对非物质文化遗产进行记录和保存，主要关注文化的静态保护工作，往往通过笔录、摄影或者录像等方式对非物质文化遗产进行保存，并将散落在民间的非物质文化遗产进行及时的挖掘和整理，保证文化的完整性和真实性，因此静态保护又可以被称为是一种"博物馆式"的保护。而活态传承需要通过各种方式为非物质文化遗产传承人营造一个更加适合于文化发展的环境，主要关注文化的传承工作，重视非物质文化遗产生命力的延续和发展。而且活态传承对非物质文化遗产保护的工作过程中充分重视了自然地理环境、人文环境、经济环境等要素的影响，并在当时的整体环境中对非物质文化进行传承，实现文化的不断延续和发展，因此活态传承是一种活化石式的保护方式。①

三、活态传承的要素

非物质文化遗产有多种形式，包括能够看得见的活动，也包括融入人们生活中不能够轻易看见的，经过了千百年的锤炼保存了下来，通过一部分生活群体表现出来。严格意义上来说，非物质文化遗产依赖于人存在，若是这一代人逝去，那么它也会消失，若是这部分人一直在，那么它也能够持续流传下去。非物质文化遗产活态的根源就在于如何才能使得它随着人类的繁衍生存而不断传承下去，避免消亡。针对这一问题的研究，主要强调的就是采用活态方法进行保护，从而使非物质文化遗产的保护能够不是依赖于一代人，甚至是一个人，而是能够依赖于每一代人，即使社会不断变化也能得以传承。非物质文化遗产的活态要素表现为以下几个方面。

（一）活态传承的关键在"人"，应加大对遗产项目代表性传承人的扶持

非物质文化遗产的传承离不开代表性传承人。代表性传承人是实现非物质文化遗产"活态"传承的重要保障。非物质文化遗产代表性传承人不仅肩负着延续传统文化和传统技艺的使命，还要不断地将个人的创造融入传承实践活动中，对促进非物质文化遗产的持久传承发挥着不可替代的作用。非物质文化遗产本就多数存在于人的制作活动中，因此要想其传承和发扬下去，需要每一代后人都愿意去学习这一项技术，而传承人肩负了培养非遗传承接班人的重要任务。可以说，没有传承人，就没有非物质文化遗产的传承。然而随着市场经济的发展和文化浪潮的冲击，传统牧歌式的农村田园生活正逐渐发生改变，城镇化和市场化席卷着农村的各个角落，大量农村青壮劳动力

---

① 索昕煜. 傣族非物质文化遗产剪纸艺术的静态保护和活态传承[J]. 中国民族博览, 2017（5）: 17-20.

涌入城市打工，导致非物质文化遗产的传承后继乏人。这有两方面原因：一方面是因为政府的扶持力度和对传承人的保护政策不够，传承人难以获得发展利益；另一方面，随着市场化经济带来的效益，很多人不愿意继续学习这一项技术，青年一代更向往大城市的生活。在现实生活中，很多非物质文化遗产都是因为祖辈的去世，其对应的手艺也随之逝去。

因此，国家、各级政府对代表性传承人的扶持迫在眉睫。传承人赋予了非物质文化遗产"活态"存续的生命力，若传承人消逝，非物质文化遗产便也随之消亡。因此，对于这些传承人，政府不仅要给予他们荣誉感，给予他们资金扶持，还需帮助他们营造原生态的环境去将技艺传授给下一代，使非物质文化遗产项目能够一代代传承下去。

（二）加强非物质文化遗产整体性保护，设立民族文化生态保护区

文化生态保护区是指在一个特定的区域中，通过采取有效的保护措施，修复一个非物质文化遗产（口头传统和表述，包括作为非物质文化遗产媒介的语言、表演艺术、社会风俗、礼仪、节庆，有关自然界和宇宙的知识和实践，传统的手工艺技能等以及与上述传统文化表现形式相关的文化空间）和与之相关的物质文化遗产（不可移动文物、可移动文物、历史文化街区和村镇等）互相依存，与人们的生活生产紧密相关，并与自然环境、经济环境、社会环境和谐共处的生态环境。[①]文化生态保护区要将文化和社会环境、自然环境融合在一起，这样才能保证非物质文化遗产能够一直在社会当中流动发展，促进其成为"活文化"。"活文化"需要生根的土壤，这个土壤是社会环境，若是不能在土壤当中生存下去，那么很快就会面临消亡，也不能发挥其内在的价值，这就是生态保护区的意义所在。

最早在专著中撰文提出"活态保护"概念的学者是乔晓光，他认为："民间的活态文化资源不是孤立、简单、表面的艺术形式，而是体现一种生存的需要、一种时间顺序的生存行为，是通过整体的活动来再现一种生存的主

---

① 国家级文化生态保护区[EB/OL]. https://baike.so.com/doc/2151108-2275974.html.

题。"①非物质文化遗产生长在丰富的人文和自然环境里，只有将其进行区域动态整体保护，使其生存的环境变成一池活水，才能体现出活态传承的原则。2005年12月22日，国务院发布《国务院关于加强文化遗产保护的通知》（国发〔2005〕42号），通知指出："加强少数民族文化遗产和文化生态区的保护。重点扶持少数民族地区的非物质文化遗产保护工作。对文化遗产丰富且传统文化生态保持较完整的区域，要有计划地进行动态的整体性保护。对确属濒危的少数民族文化遗产和文化生态区，要尽快列入保护名录，落实保护措施，抓紧进行抢救和保护。"这里提出了对非物质文化生态系统进行动态整体保护，也为建立文化生态保护区的设立提供了保障。《中华人民共和国非物质文化遗产法》第二十六条规定："确定对非物质文化遗产实行区域性整体保护，应当尊重当地居民的意愿，并保护属于非物质文化遗产组成部分的实物和场所，避免遭受破坏。实行区域性整体保护涉及非物质文化遗产集中地村镇或者街区空间规划的，应当由当地城乡规划主管部门依据相关法规制定专项保护规划。"这对非物质文化区域生态保护区的建设提供了明确的目标。瑶族的服饰文化、染织技艺、铜鼓文化等传统文化技艺，之所以在瑶族地区传承下来，离不开瑶族的文化生态环境，需要对其进行整体性生态保护，并且在当地人民生产生活的过程当中进行保护传承。非物质文化遗产的产生是历史、地理、经济、人文等综合环境促成的。要想真正做到活态保护就需要遵循其发展的需要，切不可脱离其生存的环境，而应进行整体区域性生态保护。只有这样，才能让非物质文化遗产项目在文化生态保护的大环境中得到活态传承。

（三）合理利用非物质文化遗产资源，对非物质文化遗产进行生产性保护

非物质文化遗产的生产性保护，是指在人们的生产、生活过程得到活态

---

① 乔晓光. 关注现实，以无形遗产申报推动本土文化的传承发展[J]. 美术研究，2004（2）.

保护与有序发展。"生产性保护不仅是一个简单的生产过程，重要的基础是一个传承的过程，在生产中传承，把技艺的核心技术，作品的品格、内涵，甚至传承人的艺术个性都能够传承下来。"①《文化部关于加强非物质文化遗产生产性保护的指导意见》中指出："非物质文化遗产生产性保护是指在具有生产性的实践过程中，以保持非物质文化遗产的真实性、整体性和传承性为核心，以有效传承非物质文化遗产技艺为前提，借助生产、流通、销售等手段，将非物质文化遗产及其资源转化为文化产品的保护方式。"由此可知，生产性保护强调的是以生产带动发展，以发展促进保护。

其实，在我们生活的方方面面，都蕴含着非物质文化遗产的内容。比如节日的彩灯、喝茶的茶具、中药文化等，这些非物质文化遗产无一不沁透在我们生活的衣食住行当中。2011年《中华人民共和国非物质文化遗产法》第37条规定，要利用非物质文化遗产的资源优势"开放具有地方、民族特色和市场潜力的文化产品和文化服务"。②合理有效地利用非物质文化遗产，能够使非遗文化在活态流变中代代相传、永续发展。许多非物质文化遗产之所以能传承至今，就是因为融入人们的生产实践和人们的生活当中。

时代在变迁，非遗文化只有在新的时代潮流中寻找到适合其发展的新方式，才能得以传承与发展。对非物质文化遗产进行生产性保护，既可以挖掘和传承其文化精神，又可以发挥非遗文化产业的品牌效应，进而产生经济效益，成功的案例如剪纸、年画、鼻烟壶等非遗项目的开发，带来了相当可观的经济效益，给项目保护带来了保障。还有一些非遗项目，可以通过旅游产业进行开发，如"印象·刘三姐"将人与自然和谐发展的理念进行了活化演绎，以桂林的漓江山水为舞台，将民歌艺术在实景中予以展现，吸引了不少游客，带动了桂林的旅游产业发展，进而促进了壮族民歌的传播与发展。2012年2月14日，李长春在参观中国非物质文化遗产"生产性"成果大展时强调，

---

① 王文章. 简谈传统手工技艺的生产性保护[J]. 中华文化画报，2010(9)：16.
② 中华人民共和国人大常务委员会. 中华人民共和国非物质文化遗产法[R]. 2011-02-25.

非物质文化遗产"生产性保护"工程不仅是文化工程，而且是富民工程、德政工程，体现了我们党执政为民的理念，受到人民群众欢迎。

非物质文化遗产只有获得发展的空间，并对其项目遗产资源进行合理利用与活化创新。在创造性转化与创新性发展的基础上对其进行生产性保护，非物质文化遗产的传承与发展才能建立良性循环，实现活态传承。

第二节 白裤瑶服饰技艺的活态传承现状

"文化变迁是一切文化发展的永恒现象。"①随着市场经济的飞速发展，文化遗产也会呈现不同的艺术形式。黄淑聘等学者认为："促使文化变迁的原因，一是内部的，由社会内部变化而引起；二是外部的，由自然环境的变化及社会文化环境的变迁如迁徙、政治制度的改变而引起。"②在全球化的影响下，白裤瑶与外界的经济文化碰撞日益广泛，其社会环境与生活方式都产生了巨大的变化。白裤瑶地区大量的年轻人外出打工，接触到了更快捷、更简便的生活方式，越来越多的年轻人不愿意学习工具简陋、制作工艺却十分繁复的传统服饰，这也导致白裤瑶传统服饰工艺面临失传的危机。同时随着城镇化的推进，白裤瑶聚居地区的交通、资讯、居住条件等都得到很大改善，信息网络的普及更是影响了白裤瑶人的文化观念与消费理念，白裤瑶服饰制作技艺的传承面临极大的挑战和困境。

一、传承人与手艺人调查

不论艺术以什么样的形式呈现出来，都无法改变人作为艺术的创造者和继承者的事实。瑶族服饰就是以人民的想法创造的，不论在哪个时代、村落、

---

① 玉时阶. 瑶族文化变迁[M]. 北京：民族出版社，2005：10.
② 黄淑聘，龚佩华. 文化人类学理论方法研究[M]. 广州：广东高等教育出版社，1998：221.

瑶民一直是瑶族发展其服饰文化的中坚力量。服饰的创作者，都是来自老百姓，他们了解、熟悉当地的风俗民情等。他们从日常的生产生活情境中汲取营养，创造丰富多彩的服饰文化。如今我国科技越来越发达，人们都在为了生活不断奔波，并且也更多地使用现代的科学技术，相当多的传统技艺已经适应不了当今社会的发展。随着城市化的飞速发展，许多农民的生活方式也开始向城镇化转变。产生于农耕文化中的白裤瑶服饰技艺，显然也受到冲击，其技艺继承人越发得少。甚至随着传承人年龄的增长，白裤瑶族服饰技艺也面临消失的危险。如今的年轻一代，受到流行文化与西方文化的影响，对少数民族传统文化不够重视，严重影响了民族传统文化的传承与发展，包括白裤瑶服饰染织技艺也面临着如何继续传承下去的生存问题。

来到南丹县，去寻找白裤瑶服饰技艺的传承者，就是为了进一步探究白裤瑶染织技艺的传承现状。通过调研，我们发现，虽然白裤瑶服饰国家级传承人何金秀居住的屯里有很多学徒，但众多学徒中只有14人对白裤瑶服饰制作技术掌握较好，其中只有2人能熟练地掌握白裤瑶服饰技艺制作的全部工序。现在年轻人大都外出工作挣钱，村子里少了年轻人的生气，大多数都是儿童和老年人留守在村里，因此其核心技艺的传承也面临重重困难。下面将对白裤瑶服饰工艺的代表性传承人做一些介绍。

（一）瑶族服饰国家级传承人何金秀

何金秀，1961年生，女，瑶族，广西南丹县里湖瑶族乡怀里村大寨屯人（见图5-1）。2017年12月28日，入选第五批国家级非物质文化遗产代表性项目代表性传承人推荐名单。她自小吃苦耐劳，勤于学习，1976年开始随祖母何艳星、外祖母黎氏和母亲何大妹学习瑶族服饰制作技艺，熟练掌握纺纱织布、采集制作染料、粘膏画图、刺绣、缝制等三十多道服饰制作工序。粘膏画图、刺绣是何金秀的拿手绝活。她能依托简单的刀笔工具直接用粘膏汁在布上画曲线和细小的图案，一般人都很难学会学好，而她不用描图，不用尺子，凭借自己的记忆和直觉，就能画出精确细致的服饰图案，就像是机器标准化描出的一样。她缝制的白裤瑶服饰简洁大方、舒适美观，图案错落有致、别有韵味。

图 5-1　国家级传承人何金秀

更为难能可贵的是，何金秀在保留白裤瑶传统服饰原有精华的基础上，大胆吸纳外来服饰文化的理念，对瑶族服饰制作技艺进行创新。其制作的服饰遵循民族审美习惯，蕴含民族传统习俗，体现了朴素纯真的艺术风格，具有较高的美学价值。为更好地传承发展白裤瑶服饰技艺，作为国家级非遗传承人的何金秀，不辱使命，激励和组织当地瑶族群众积极参与技艺的学习，一方面选择附近社区和村寨爱好传统服饰制作的年轻妇女进行培养，收为徒弟；另一方面到当地的怀里小学、里湖乡中心小学等民族学校进行技艺传授，使新一代的瑶族孩子了解清楚白裤瑶服饰技艺的制作流程和文化精髓。2015年6月，广西非物质文化遗产保护中心在南丹举办"瑶族传统服饰刺绣技艺"培训班，她被特聘为刺绣教师进行授课。她把自家改成"教室"，专门教人制作白裤瑶的服装。近十年来，她带出了200多名学生。年龄最小的7岁，最大的49岁，为保护和传承瑶族服饰技艺做出了积极的贡献。

（二）瑶族服饰自治区级传承人黎凤珍

黎凤珍，女，瑶族，南丹县八圩乡瑶寨村大寨一屯农民，非物质文化遗产代表性项目自治区级代表性传承人（见图 5-2）。她 8 岁开始跟随祖母黎秀珍和母亲李秀群学习制作瑶族服饰技艺；13 岁熟练掌握染料采集制作、纺纱织布、浸染、粘膏画、刺绣、缝制等三十多道服饰制作工序，尤其擅长刺绣、浸染等技艺。成年后，她曾外出打工，艰辛劳累，收入却不高。于是，黎凤珍决定回乡做自己最擅长的事。2005 年，她在自家大院建立了瑶族服饰的布料浸染作坊。她染出的布料颜色均匀，久不褪色，来找她的人越来越多，染缸也从 3 个扩展到 10 个。

图 5-2　黎凤珍在给学生上课

黎凤珍在沿袭瑶族服饰制作传统技艺的基础上，经过长期的学习实践，大胆地摸索和创新，其服饰制作技艺有独到的特点，尤其是布料的浸染和手工图案刺绣。其浸染布料的材料和方法独到，使用自制的蕨菜灰、瑶家酒、土药和蓝靛等原材料，总结出一道简便独特的浸染工序。她熟练掌握原材料用法用量，提升浸染的技巧，染出的布料颜色均匀，带有大自然的气息，清香怡人，久不褪色，穿着舒适。她制作的传统服饰技艺精湛、针脚精细、图案错落有致、别具一格，服饰简洁大方美观，颇具白裤瑶民族文化特色，具有较高的美学价值。

为更好地传承和发展白裤瑶染织技艺，黎凤珍经常到社区和村屯指导当地瑶族妇女制作服饰，组织当地瑶族妇女到自家的浸染坊学习浸染技术，使八圩瑶族青少年女子普遍学会了瑶族服饰制作的全套技艺。其培养的学员黎玉群、黎秋亿、黎仁珍等基本上都熟练掌握了浸染、刺绣等瑶族服饰制作技艺，可以独立制作。同时，黎凤珍还常常受邀到八圩中学、八圩小学、瑶寨小学等学校举行瑶族服饰刺绣技艺培训，受其培训的学生有100多人次。近年来，为更好地保护和传承瑶族服饰制作技艺，黎凤珍受邀积极参加了南丹里湖白裤瑶赶年街、河池市铜鼓山歌艺术节和金城江城区第三届校园传统运动会非遗传统技艺展示活动等，不遗余力地向大众宣传、展示白裤瑶服饰制作技艺。

2016年，黎凤珍家建起了又高又宽的新房，还在二楼布置了一个白裤瑶服饰展示厅，以便学者和游客观摩学习。

（三）瑶族服饰区级传承人黎秀英

黎秀英，女，瑶族，初小文化，南丹县里湖瑶族乡怀里村蛮降屯农民（见图5-3）。黎秀英从1987年开始跟随母亲学习瑶族服饰手工技艺，由于能吃苦耐劳，勤于钻研和刻苦练习，常常与当地瑶族妇女一同交流切磋技艺，自身的手工技艺得到很大的提高。经过多年的实践，黎秀英形成了自己独到的技艺风格，经常有瑶族妇女上门请教服饰制作技艺，至今其传授技艺的弟子已有数十人。2015年12月她被认定为瑶族服饰自治区级非物质文化遗产项目代表性传承人。黎秀英作为一名白裤瑶服饰技艺传承人，自觉保持传统的生活节奏，借助大自然的馈赠，染织着一套套白裤瑶服饰，体现着白裤瑶与自然共享生命的方式。她全身心地描绘一个个图案、一条条线谱、一针针绣花，造就了一套套精美的白裤瑶服饰。

图 5-3　黎秀英

(四) 小结

以前,在白裤瑶,女孩年龄到 12 岁左右的时候,他们的母亲或者其他技术出众的手艺人就会传授她们制作白裤瑶服饰的技艺,特别是花裙。花裙是白裤瑶女孩子去相亲必需的服饰,也是一个女孩子勤劳的体现,姑娘如果不能掌握制作服饰的技术就很难结婚,因此白裤瑶姑娘从小就努力学习制作漂亮的百褶裙。

而现在,就算姑娘没有学会做本民族服饰的技艺,也是能相亲出嫁的,这也是白裤瑶服饰技艺传承困难的原因之一。此外,现在人的审美观和以前不一样,有些人认为这种服饰很"土",而且制作繁复,而市面上的流行服饰经济、实惠、美观,容易获得,极受年轻人的欢迎,这些都挤压了白裤瑶传统服饰的生存空间。再有,年轻人对民族服饰自豪感的缺失也是其原因之一。若是年轻一代的女子不能作为传承的主体力量,而是把时间精力花在别的地方,那么白裤瑶服饰会在时代的冲击下,生存空间越来越小。

二、政府相关组织与民间组织保护现状调查

(一) 广西非物质文化遗产研究中心

教育部、人力资源保障部、文化旅游部等在近年来相继发布了一系列文件和相关的计划、方案等,要求各地政府要深刻地认识并且贯彻党中央精神,重视对我国优秀的传统文化进行成功的转化,创新性发展文化,增加在保护与传承非物质文化遗产方面的能力和综合水平。为此2009年1月4日,广西非物质文化遗产研究中心成立,它是根据广西壮族自治区人民政府有关文件精神,经广西壮族自治区教育厅核准,由广西壮族自治区文化厅与广西民族大学合作共建的学术机构。

广西非物质文化遗产研究中心设有"非物质文化遗产考察研究与保护对策""民族艺术与非物质文化遗产研究""非物质文化遗产与文化产业发展研究"和"中国—东盟非物质文化遗产比较研究"4个研究方向,采用"机构开放、人员流动、内外联合、竞争创新"的运行机制,结合中国民族民间文化保护工程、全国文化信息资源共享工程、国家级非物质文化遗产名录申报、广西非物质文化遗产名录建立等工作,通过文字、录音、录像、数字化多媒体等方式,围绕非物质文化遗产的重大理论和实践问题,组织各类文化单位、科研机构、大专院校的专家学者共同开展有关非物质文化遗产的认定、保存、传播、保护和利用等领域的研究,突出区域性与民族性,努力开创少数民族非物质文化遗产研究的新空间、新途径和新思路,为少数民族非物质文化遗产保护工作的可持续开展提供有力的学术支撑和智力支持,推动民族地区文化和社会发展,促进中国—东盟文化交流与合作。

(二) 河池市及南丹县非物质文化遗产保护中心

近年来,广西壮族自治区河池市把抓好非物质文化遗产保护与传承工作作为弘扬民族传统文化、提升文化内涵、丰富广大群众精神文化生活的一项重要措施,按照"保护为主、抢救第一、合理利用、传承发展"的要求,采取有效措施,助推"非遗"保护传承工作正常化、常态化开展。2012年5月,

广西河池市非物质文化遗产保护中心在原河池市民族歌舞团举行揭牌仪式。成立后的非遗中心将承担非遗的相关研究、保护、传承和展演的职能，组织相关文化遗产的普查、挖掘、抢救、保护、整理、项目申报等工作。

2017年8月31日，《河池市非物质文化遗产保护条例》（以下简称《条例》）经河池市第四届人大常委会第九次会议通过，同年9月21日经广西壮族自治区第十二届人民代表大会常务委员会第三十一次会议批准，《条例》自2018年1月1日起颁布实施。

相应地，河池市南丹县也成立了非物质文化遗产保护传承中心，承担全县非物质文化遗产调查、研究、保护、传承、展演及申报工作。在南丹县非物质文化遗产保护传承中心的推动下，相继建成了里湖白裤瑶生态博物馆、瑶族服饰展演展示基地、白裤瑶文化保护传承基地、铜鼓文化生态保护示范村、蚂拐庭等一批非物质文化遗产重要展示场所和平台，为非物质文化遗产保护传承工作奠定了坚实基础。同时，做好非物质文化遗产普查申报工作，注重加强构建国家、自治区、市、县四级非物质文化遗产代表性项目名录和传承人体系建设工作。目前，南丹全县共有4项非物质文化遗产列入国家级保护名录（含白裤瑶服饰技艺），9项列入自治区级保护名录，4项列入市级保护名录，另有85项列入县级保护名录，共培养非物质文化遗产代表性传承人11名。

（三）里湖白裤瑶生态博物馆

2004年11月，在瑶族服饰列入国家级非物质文化遗产名录之前，中国第一家瑶族生态博物馆——南丹里湖白裤瑶博物馆就落户于南丹县里湖乡怀里村，对白裤瑶自然村寨的原状进行保护，同时展示多姿多彩的民族文化（见图5-4）。白裤瑶生态博物馆覆盖11个自然村屯，442户，2 166人。该博物馆位于广西壮族自治区南丹县里湖乡怀里村，距南丹县城33公里，有四级公路直接通达。白裤瑶生态博物馆区主要分为展示馆及原始村落两部分。展示馆以实物、图片和影像资料的方式展示白裤瑶的历史发展过程及民风民俗。

蛮降、化图、化桥三个原始村落为白裤瑶原住村落，当地属岩溶峰丛地貌，海拔 800 多米，村寨依山而建，一条百年古道将相邻的三个村寨相互联结，山野景致四季如画。村落内白裤瑶民风民俗保存完整，村落特点突出，传统服饰文化保存良好。特别值得一提的是，村落内还有一处保存完好的白裤瑶岩洞葬，对研究白裤瑶的历史发展提供了重要的实物依据。

里湖白裤瑶生态博物馆是集科学研究、休闲探秘、文化体验及深入了解白裤瑶民风民俗为一体的少数民族风情旅游点。专家认为，南丹县里湖瑶族乡白裤瑶生态博物馆建成并对外开放，是中国加强保护少数民族文化工作的一项成果。白裤瑶生态博物馆除了成为研究瑶族文化的基地，还为培养当地少数民族自治地方，特别是乡镇少数民族管理人才提供了便利条件。

图 5-4　里湖白裤瑶生态博物馆

（四）歌娅思谷

瑶语中"歌"为地名，"娅思谷"为漂亮瑶妹——阿娅，歌娅思谷就是"有漂亮瑶妹的地方"，歌娅思谷因此而得名（见图 5-5）。歌娅思谷是按照白裤瑶生活情景与民俗特色文化建造的一个景区,位于南丹县里湖乡甘河屯,是白裤瑶民俗风情的集中展示区。整个景区占地面积约 9.6 平方公里,总体规划按"一点、一线、九区"来建设。一点:洞天古韵——白裤瑶民族文化展演基地;一线:地下大峡谷—岩溶地质博物馆;九区:精品酒店区、餐饮服务区、农耕体验区、民俗工艺展示区、民族体育竞技区、细话歌园区、生态养殖区、戏水区、农业综合开发区。景区围绕白裤瑶族婚俗、葬礼、服饰、宗教、饮食、陀螺、铜鼓、勤泽格拉等多种兼具浓郁民族特色的文化来建设。来到这里,游客能体验到完全利用白裤瑶族木骨泥夯建改造而成的最美泥巴酒店(瑶语"筹八");品尝生态的美食长席宴;到洞天鼓韵观看大型白裤瑶族神秘爱情故事和婚俗文化的实景演出;观赏白裤瑶民族服饰展示;观看广西最大的、种类最多的民族体育竞技比赛等,在体验白裤瑶民俗风情与爱情故事中流连忘返。虽然哥娅思谷严格意义上来说只是一个景区,但是它的存在也为展示、传承、传播白裤瑶服饰艺术起到一定的作用。

图 5-5 歌娅思谷

此外,当地的居民还建立了一支富含白裤瑶民族风情的民族表演团队,以一种更好的方式来传承、保护、宣传其独特的民族文化。其表演的内容丰富多彩，独具一格，展现出了白裤瑶的真实特色，包括部分仪式礼仪、吹牛叫、敲竹筒鼓等，这些保留下来的文化活动都是在适应当前社会环境下发展起来的。

第三节 白裤瑶服饰制作工艺的传承困境与活态传承策略

一、白裤瑶染织技艺的传承困境

白裤瑶服饰早在 2006 年就已经被列为我国首批非物质型文化遗产，相关的政府部门也采取了一系列保护与传承政策措施，但是由于种种原因，白裤瑶染织技艺的传承仍然有很多的问题亟待解决。

（一）经济与制作材料的困境

白裤瑶传统染色工艺的传承和发展首先面临的困境就是经济因素。其一，投入与产出不成正比。走访调查得知，在严格按照"天有时，地有气，材有美，工有巧，合此四者，然后可以为良"的造物理念支配下，制作一套白裤瑶成衣，在材料准备齐全的情况下，从纺纱开始，至少要花费一年的时间。而白裤瑶服饰在市场上的价格，一套衣服也只能卖出三四千多元。制作一套传统服饰要投入的精力和物力已经超过它的经济价值，不符合当今社会的消费理念。这是因为传统意义上的白裤瑶服饰均是自产自销自用，现在，大多数白裤瑶妇女不再做传统服饰了，当她要向传承人购买时，贵了买不起，便宜了人家不卖。这就造成了两难困境。笔者调研发现，高价卖出的成套服饰基本上都是被民俗收藏者或单位采购过去的，数量有限。其二，政府的扶持力度不够，投入有限。当某种手工艺濒临失传，就需要政府与社会的介入，于是它便成为了非物质文化遗产。据调查，作为白裤瑶服饰国家级传承人何金秀，一年获得国家补助金额两万元，而自治区级传承人一年只有五千元，传承人难以获得发展利益。微薄的资助很难支撑起其家庭的支出，于是有些传承人转行做起了其他生意。其三，打工潮的兴起，影响了当地人的价值观。随着现代社会的快速发展，白裤瑶与外界的联系越来越频繁。当地闭塞的生存条件难以使年轻人获得经济上的效益，于是越来越多年轻人选择外出打工，留在村寨里的大多数是妇女、老人、小孩，白裤瑶女性承担了家里所有的农活，专心学习传统染织技艺的年轻女子越来越少，这也导致了白裤瑶传统染织工艺新传承人的严重缺失。

与此同时，制作白裤瑶服饰的重要原料产出在不断减少，比如粘膏。粘膏树是一种只能生活在南丹里湖一带的特殊树种，需要当地人花时间去维护与保养。但是由于现在做粘膏染的人越来越少，当地白裤瑶人对它的关注也越来越少，直接导致了这种树的生存萎缩。笔者去蛮降屯考察，在整个村寻找了一圈，仅看到两棵成年的粘膏树，上面布满了坑坑洼洼的疤痕。另外，白裤瑶服饰以棉花、蚕丝、蓝靛草为原材料，需要下大力气去种植、养育。但是在现代化条件下，年轻一代不太愿意做这些看不见经济效益的农耕活动，直接导致传统服饰的原材料匮乏。有些只能更换材料，比如直接用机制棉布代替手工棉。

（二）现代文明的冲击

随着城镇化进程加速和新兴生活方式的盛行，年轻人的人生观和职业观有了很大改变，以致当前非遗传承人断层现象非常严重，进而导致非遗传承受阻。传承人的流动也是社会流动的一种，直接影响到非遗传承的持续性。笔者在广西金秀曾经拜访过两位瑶族服饰区级传承人，一位四十岁左右，一位六十多岁。年岁大的传承人坚守传承手艺，在金秀瑶族博物馆附近开了一个小店，长期给瑶人提供传统服饰制作必备的材料，虽然钱赚得不多，但她乐此不疲，初心不改。另外一位年轻的传承人被认定为区级非遗传承人，政府每年补助给她五千块钱，显然不能满足其家庭所需。一次笔者翻看朋友圈，发现她竟然干起了护肤产品的直销。几年后，笔者再次去金秀拜访这两位传承人，年轻的那位已基本不做传统手艺了，偶尔卖出的瑶族服饰也全部用机织代替。

在全球化大背景下，人们的价值观、生活方式正在发生悄然变化。现在的年轻人越来越多地将城市的生活方式、行为习惯带回家。外来新思想以及现代文化的冲击使得部分瑶族青年正在淡化"少数民族"的身份意识，某种程度上也淡化了非遗本身所具有的身份认同功能。一旦白裤瑶服饰所赖以生存的文化土壤受到冲击，其传承与发展也必然受到制约。

（三）教育方面的冲击

教育是人才向上流动的助推器，所谓"学而优则仕"，因此很多瑶民为了子孙后代能获取向上流动的机会，让孩子把重心放在文化课的学习上，而对非遗的关注则少之又少。"学而优则仕"观念的深化是一把双刃剑，它一方面助力少数民族文化水平的提升，另一方面则又给民族传统手艺的传承带来了困境。

据笔者考察，现在南丹里湖中小学虽然编写了《白裤瑶染织技艺》等课本，开设校本课程，聘请老艺人何金秀等来校教学。但是很多家长觉得孩子以后要高考，留在大城市工作，必须得把精力放在文化课学习上，传统手艺的学习变得可有可无。父母的观念则导致大多数学生学习白裤瑶服饰的兴趣和热情不高，学生只是应付式地体验学习。此外，学生繁重的课业和学习任务一定程度减少了学生学习白裤瑶服饰技艺的时间。众所周知，白裤瑶服饰技艺的传承主要是在母亲身边耳濡目染、言传身教中学会，继而传承下来的。但是，现在的学生大多是寄宿在学校，寄宿制学校的发展也减少了白裤瑶孩子待在母亲身边学习白裤瑶服饰技艺的机会。

(四)社会参与度不高与文化主体错位

瑶族地方经济本身不够发达,没有更多专项保护资金和多元的资金渠道投入白裤瑶服饰技艺的传承和保护工作中去。用于保护的资金大多数来源于政府的拨款和瑶民表演得来的部分收入,且社会资本参与度不够高,只有政府参与,严重影响了白裤瑶服饰技艺的开发利用。

现阶段对非遗的保护大多数是在政府主导之下的自上而下的保护过程,政府掌握着对文化资源的主动权,某种程度上造成文化主体性缺失,文化的原真性及认同感难以得到真正体现。造成此局面的原因主要在于对主位观点与客位观点差异的不了解与忽视。主位研究和客位研究是美国人类学家哈里斯提出来的,主位观指尽可能地从当地人的视角去理解文化,客位观指研究者以文化外来观察者的角度来理解文化。因此传承人的看法与意见就是主位的,政府、专家学者的观点则是客位的。由于地位、动机、价值判断的差异,主位与客位的观点往往有着较大的差异。如果不重视传承人以及当地瑶民的主位意见,太侧重客位看法,实行地方式的"宏大叙事",就会造成原住瑶民缺少管理文化资源的权利,丧失"发言权",从而导致瑶民在白裤瑶服饰技艺的保护过程中主体性缺少和参与性不足,文化传承的自觉意识也将逐渐缺失。

二、白裤瑶服饰技艺的活态保护策略

白裤瑶服饰技艺的活态保护是一项长期、复杂的系统工程,各级政府及相关职能部门责无旁贷。为保证白裤瑶服饰技艺的保护和传承的全面性和有效性,需结合现代社会环境的可持续发展,遵循"活态保护"的理论和文化生态理论,确立白裤瑶人在白裤瑶服饰技艺保护中的主体地位,充分发挥其主人翁作用,才能更好地传承和发扬白裤瑶传统服饰技艺。同时,由政府逐步成立和健全各种相关的保护机构,提高对白裤瑶服饰技艺保护和传承工作的重视,并结合白裤瑶地区的民族特色,制定和完善传承人保护和考核机制,以实现白裤瑶服饰技艺的和谐发展。

（一）深化白裤瑶族的文化认同感

文化是民族的血脉，是人民的精神家园。民族文化是随着民族的产生而产生的，是一个民族生存和发展不可或缺的精神力量。习近平总书记指出："文化认同是最深层次的认同，是民族团结之根、民族和睦之魂。"[①]在当今经济全球化的时代，作为民族的认同和国家认同的重要基础的文化认同、价值认同不仅没有失去意义，反而成为综合国力竞争中最重要的"软实力"。

文化认同来自于同一个文化群体中的人们对共同历史的直觉和理解，反映的是共同的历史经验和文化信念，以及文化成员保护自己的生活方式和文化特性的本能和情感。[②]在历史发展的长河中，白裤瑶人创造了丰富多彩的物质文化和精神文化，形成了具有本民族特色的民族文化并世代传承。然而随着信息化时代的到来，外来文化尤其西方文化的影响，对白裤瑶人造成了不同程度的民族意识的淡化，以及民族文化认同感弱化。文化认同弱化、同质化现象严重，使得白裤瑶丰富多彩的民族文化被慢慢改变，比如传统建筑被水泥房取代，传统的白裤瑶服饰被现代化的时髦服饰取代，传统白裤瑶歌谣被现代流行歌曲取代，等等。而随着白裤瑶青年一代外出打工和学习，慢慢地对本民族文化知之甚少，进而缺乏对本民族文化的热爱，对本民族的文化认同感降低。

白裤瑶历史文化悠久，有着灿烂的民族文化史，至今还保留了很多古老的习俗和文化，这些习俗和文化使白裤瑶在众多少数民族中独树一帜，如服饰文化、婚恋习俗、砍牛送葬、铜鼓文化等。这些民俗和文化活动，既是白裤瑶族人身份的象征，也是连接白裤瑶人的情感纽带，以及实现文化认同的基础。作为非物质文化遗产的白裤瑶民族文化，政府要积极引导人们热爱本民族优秀传统文化，构建文化传承体系，促进民族文化发展，实现其优秀传统文化在不断变迁的时代背景下依然能够持续发展。

---

① 祁进玉. 国家通用语言文字凝聚力文化认同（新论）[N]. 人民日报，2021-04-13（5）.
② 胡晓晴，胡昌平. 跨文化视野下纪林纪录片的特点探析[J]. 新闻研究导刊，2018（9）：20-21.

文化认同是维系不同群体、团体和组织的重要纽带，是实现民族认同不可或缺的必要因素，也是维系社会稳定发展的坚实基础。①因此，保护和传播好白裤瑶民族文化是白裤瑶青年一代的历史使命，也是实现文化认同的重要手段和方式。在中华民族命运共同体这个大的主题下，少数民族的优秀传统文化尤其值得挖掘和传承。

（二）政府完善非物质文化遗产保护管理体制

地方政府和有关部门应当将白裤瑶服饰文化传承列入重要议程。针对白裤瑶服饰文化的涉及面广、工作量大、任务繁重等局面，各级政府首先要建立保护的框架，在内部逐一将工作落实到位，促进发展。同时，明确工作目标任务，充分体现政府主导、社会参与、专家指导的指导思想，形成国家主导、社会参与的强力构架。政府需要把保护和传承工作作为一个长期的目标，发挥学术界的指导性力量。白裤瑶服饰文化有漫长的发展史，其蕴含的文化内涵非常的丰富，因此在开展保护工作的同时，要注重根据实际情况提前建立好相关机制。在开展工作时，需要各个部门的共同协助，开展有关白裤瑶服饰文化的认定、保存、传播、保护和应用等领域的研究，加大服饰文化保护的学术支撑力度。其中文化学者可由多个不同领域的专家组成，从不同的视角去审视服饰文化，从而把白裤瑶服饰文化的方方面面都研究透。同时，需要建立白裤瑶服饰保护和传承的专家咨询机构，推进白裤瑶服饰保护和传承的科学化、制度化与学术化。

当然，要想非物质文化遗产能够长久地传承下去，不仅仅需要学术理论的研究，还需要发挥当地群众的力量。首先当地人要足够重视，才能深入开展工作。白裤瑶服饰需要在特定的环境中才能长久地活态传承，其中白裤瑶服饰技艺的直接涉及人员，包括传承人、使用者，所有人都必须是当地的瑶族人。政府主要是提供支持，在保护过程中给予需要的帮助，并不能代替当

---

① 罗微，张勍倩.2017年度中国非物质文化遗产保护发展研究报告[EB/OL].
（2018-09-05）[2018-09-15].http//:www.cssn.cn/ysx/ysx_fwzwhyc/201809/
t20180905_4555158.shtml.

地的人民进行传承，传承需要深谙本民族文化的人。因此，对于当地人的思想教育工作十分重要，要让当地居民知道该项文化是其民族特有，把本地文化保护好并且传承下去是多么骄傲和光荣的事情，以此让民众积极参与进来，真正成为文化传承的主体。

（三）完善非遗传承人机制

1. 拓宽传承人的培育途径

白裤瑶服饰技艺要想能够长久地发展下去，就需要有掌握这项工艺的人，尤其是培养青年一代（见图5-6）。前文已经说过，人才是活态传承的主体，只要有瑶民愿意学习这项染织技艺，就能使得白裤瑶服饰文化有效地传承下去。

图5-6　区级传承人在学校给学生传授染织技艺

长期以来，白裤瑶服饰在文化的传承方面都是顺其自然。虽然政府也采取了一些措施培养下一代传承人，但由于经费保障、宣传力度、相关制度建设等各方面原因，白裤瑶服饰技艺传承的接班人少之又少。据笔者调研，就连国家级传承人何金秀的后代都没有一人能传承她的手艺。针对这一现象，应拓宽传承人的培育路径，不能仅限于"师徒制"和昙花一现式的"非遗进校园"。只有真正采取各种切实可行的方案与行动，才能真正保护其文化不致断弦，例如开展各种各样的民俗活动，因为传统服饰就是众多民俗活动的物质载体。

传承白裤瑶服饰技艺就是传承白裤瑶服饰文化，因此，更需要拓宽培养传承人的路径。各级政府及白裤瑶族人要重视传承人的培养，可以采取订单式培养、大师工作室培养以及引进现代管理体系等，拓宽培养传承人的路径，以保持传承的时效性和长效性。一是可以利用现有文化站、周边职业学校、成教中心等培训教育资源，培养适应白裤瑶服饰技艺传承的专业人才和经营管理人才。同时，增加传承人理论知识，拓宽传承人发展创新的能力。二是对白裤瑶服饰文化进行宣讲，以及开展普及性教学。传承人可以把项目或订单带进课堂，指导学习者学习白裤瑶服饰文化，传承服饰技艺，并通过丰厚的订单收益，鼓励学习者学习这一手艺，拓宽传承人的培养队伍。三是大师工作室制进校园。白裤瑶服饰技艺的掌握，是一个长期的学习过程。可以在校内引进技术好、知名度高的白裤瑶服饰技艺大师，创建大师工作室，以便长期地进行教学。四是对白裤瑶服饰技艺进行产业化开发，拓宽创新发展平台，在孵化和运营中培养传承人，这样也能赋予产品文化价值，进而间接地促进手工艺的保护和传承。

2. 建立传承人的监管与考核机制

2011 年，我国对非物质文化保护做了具体的规定，通过文化部下发的通知，明确规定若是由于监管和保护部门的行为不当使得文化未能被保护好，进而导致严重的衰落现象，那么将取消其对该文化的保护资格，并且给予警告并做出调整。2012 年，我国开展了对非物质文化遗产项目的监督活动，对于当前没能起到保护作用的体系提出完善措施，其中有 105 个项目做了具体的调整，并且改变了内部组织结构。白裤瑶族服饰技艺传承人的培养机制也应该借鉴和采用相应的监督和考核机制，在确定传统手工艺传承人的物质保障的前提下，制定适当的监督机制，对白裤瑶染织技艺保护中存在的问题能够及时地发现并且改进，杜绝放任不管。对于传统文化管理人员要健全激励机制，包括正向激励和负向激励，从而促进管理者的主观能动性。对于一些不作为的人要采取惩罚措施，才能促进公平。让每一个内部管理人员都能积极投入其中，如此一来，在整个白裤瑶族服饰技艺的传承行业里形成注重社会评价的氛围，有利于非遗传承责任的落实和自觉性的养成。

（四）在生产性保护中实现活态传承

白裤瑶服饰技艺是白裤瑶族文化的形象载体，有着悠久的历史和丰富的文化内涵。然而随着信息化时代的迅猛发展，以及文化碰撞引发的危机，使得白裤瑶服饰技艺面临着失传的危机。其主要原因之一是大批青年人的流失，由于服饰制作的经济利益低，就业吸引力不足，大批年轻人外出打工，使得年青一代的传承人越来越少，导致传承出现断层现象。习近平总书记指出，要"让收藏在博物馆里的文物、陈列在广阔大地上的遗产、书写在古籍里的文字都活起来"。白裤瑶服饰技艺如要传承发展，需走生产性保护的道路，开发新产品，让其生产的产品走进现代人的生活，与人们的生活紧密相连。这样才能让白裤瑶服饰技艺在生活中传承，在传承中发展，在发展中创新，以实现其活态传承。

政府要合理利用白裤瑶服饰手工艺制作资源，进行合理的开发、生产，建立白裤瑶服饰技艺文化交流平台，通过生产性保护实现"惠民""富民"，以产业化激励白裤瑶服饰技艺的传承和创新。其一，广西相关部门及地方政府通过采取扶持措施，结合白裤瑶当地的特色文化，引导生产的服饰产品向市场化、品牌化、产业化发展。其二，重视传承人的创新精神，激励传承人的"造血功能"。服饰技艺文化的传承，不是传承原生态服饰技艺，而是要在时代的发展中，融入时代内涵进行创新传承。其三，通过生产，让白裤瑶服饰走进现代人的生活，特别是走进现代白裤瑶青年一代人的生活，让其成为白裤瑶人日常生活的服饰穿搭，激发白裤瑶人对自身服饰文化的热爱，进而吸引更多青年人加入传承的队伍。其四，通过商业旅游项目，推出白裤瑶服饰文化，带动旅游经济的发展，进而促进服饰技艺文化的发展与传承。譬如，利用真实的环境为旅游者展示白裤瑶服饰技艺的全过程，让更多的外来人更加全面、深入地了解白裤瑶服饰。同时，进行白裤瑶服饰文化创意旅游纪念品的生产和销售，给白裤瑶人民带来额外的经济收入，这样既能利用销售的手段推广白裤瑶服饰文化，形成"生产性保护"，又能发展白裤瑶村寨旅游业。

白裤瑶服饰文化是中国璀璨的服饰文化的一部分，其独到的服饰制作技艺，凝结着白裤瑶人千百年来的心血和汗水，至今仍然流传，这些与其独特的地理位置、文化历史等息息相关。现在许多的文化保护学者、专家也开始介入，政府也开始注重其服饰文化的发展和传承，采取了各种各样的措施（见图 5-7）。例如建立了广西第一人生态博物馆——里湖白裤瑶生态博物馆，进行非物质文化遗产传承人的认证，大力开发旅游业等，推动其服饰技艺文化的发展。此外，还对白裤瑶服饰的整体制作流程以及其比较特别的植物染色技艺和粘膏技艺进行剖析与推广。白裤瑶服饰技艺的传承，离不开生产性保护，而要进行生产性保护，就必须在白裤瑶的区域环境和白裤瑶的文化历史的语境下，打造文化生态区，对其进行活态保护与传承。

图 5-7　团队成员考察瑶族服饰生产性保护

(五) 文旅融合共同保护

文旅融合是新时代发展的要求，作为一种新兴产业，是非遗文化资源的发展和传承的重要载体。白裤瑶服饰技艺是白裤瑶先民在历史发展的长河中智慧的结晶，是世代传承至今的文化财富，蕴含着丰富的历史文化内涵。然而随着经济的发展和文化的碰撞，白裤瑶服饰技艺与现代经济社会出现冲突，其保护和传承面临严峻挑战。基于白裤瑶服饰技艺的文化底蕴，文旅融合可以促进白裤瑶服饰技艺实现经济转化，开发具有独特文化特色的旅游文创产品，使白裤瑶地区可以获得经济效益，进而促进白裤瑶服饰的传承。同时，白裤瑶文化资源可以提升旅游的内涵，促进旅游的转型升级。正所谓"文化是旅游的灵魂，旅游是文化的载体"，文旅融合可以让白裤瑶地区增加旅游收入，也能促进白裤瑶服饰技艺文化资源的开发和传播，实现互惠共赢。

1. 合理利用人文资源

白裤瑶历史悠久，人文资源丰富，且独具民族特色。其独特的民俗风情、神话传说、自然崇拜信仰、服饰文化等都给白裤瑶蒙上了一层神秘的面纱。其传统服饰技艺更是白裤瑶千百年来传承下来的文化瑰宝。随着旅游者对民族特色旅游需求的提高，政府在开发文化旅游产业时，应把白裤瑶非物质文化遗产等文化元素加入旅游的环节中，提高旅游的文化内涵，吸引旅游者的眼球，进而提高白裤瑶地区的旅游竞争力。比如即将建成的歌娅思谷民俗风情园，就很好地将白裤瑶的人文资源与旅游结合，打造了兼具生态、文化、体验的旅游景区，将旅游和白裤瑶文化融合，利用白裤瑶民族神秘独特的寨居文化、婚恋文化、葬俗文化、服饰文化等特色民俗文化，使得歌娅思谷旅游景区既富有民族魅力，又能给白裤瑶人民增收致富，从而使白裤瑶文化实现"活态传承"。

旅游是民族文化发展和传承的重要途径。政府部门及相关部门在保护和传承白裤瑶服饰技艺文化时，应利用旅游景区的优势，如白裤瑶古村寨、文化景点、文化古镇等，将白裤瑶服饰的图案、技艺等进行产品的开发，通过服饰展示、创意手工产品展示、现场手工艺体验、现场讲解等吸引游客对白裤瑶服饰文化的兴趣。同时，可以借助白裤瑶具有影响力和重要的民俗节日文化，将旅游和白裤瑶服饰文化进行结合，比如白裤瑶重大的砍牛祭祀活动、年街节文化、陀螺文化、服饰文化等。白裤瑶民穿着本民族的服饰，借助现场活动、亲身体验、舞台表演等进行宣传和展示，这样游客既能观看到精彩的民俗表演，体会其中的乐趣，又能被白裤瑶特色的民族服饰吸引，使得节日更加丰富多彩，吸引游客的驻足，让更多的外来旅游者了解白裤瑶文化的魅力，同时也能使其服饰文化资源合理地开发并传承。

当然，也可以通过与各大高校开展合作活动，宣传白裤瑶服饰艺术，例如可以在部分就近高校修建一些独具民族特色的基地，随时供学校一些以服装设计为专业的学生观摩和研习。在促进其学习的同时，一定程度上也是对白裤瑶民族服饰的一种潜移默化的宣传。

总之，白裤瑶服饰文化资源的合理利用，可以有效提升白裤瑶旅游的文化内涵，突出白裤瑶地区文化的差异性、特色性，彰显白裤瑶旅游文化的独特性，实现文化和旅游共同发展的"双赢"模式。

2. 开发商业性价值

任何非物质文化遗产一旦消亡，将无法挽回。为了更好地保护和传承非物质文化遗产，需要不断地提升、合理地挖掘，开发其文化价值和商业价值。白裤瑶服饰技艺历史悠久，政府及有关部门应充分发挥职能部门的主导作用，对白裤瑶的服饰技艺资源进行充分利用，适当地从白裤瑶非物质文化中找到商业价值，以适应时代的需要，但是要把握好度，不能脱离其文化而过度商业化。2021年，中共中央办公厅、国务院办公厅印发《关于进一步加强非物质文化遗产保护工作的意见》，提出："在有效保护前提下，推动非物质文化遗产与旅游融合发展、高质量发展。"[①]文化和旅游部也发布《"十四五"非物质文化遗产保护规划》指出，我国"十四五"时期非遗保护工作共有六

---

① 银元.非遗与旅游融合必将实现"1+1＞2"[N].中国旅游报，2021-08-17（3）.

大任务，其中，"服务社会经济发展"是该规划的一大亮点，提出要把非遗"融入重大国家战略，推动非遗与旅游融合发展"，体现了新时代我国非遗保护的新特点和新要求。

旅游是当下人们时兴的活动，但人们对旅游市场要求越来越高，不再是走马观花式的旅游，而是能从旅游中体会到不同的文化体验。要想成功发展白裤瑶的旅游文化及商业价值，就要合理发挥政府的主导功能，让政府来组织相关活动，解决在资金的投入等方面的问题，兼顾开展过程中各个利益相关方的关系，以保证顺利进行开发。白裤瑶服饰文化独具特色，开发其特色旅游，从旅游中开发白裤瑶文化的经济价值。首先，可以开发手工技艺类旅游商品。白裤瑶服饰传统图案丰富，且具有神秘的故事性，可以将图案运用在一些手工类产品上，使其兼具文化价值和商业价值，通过旅游市场，使该类非遗得到保护和传承。其次，设计非遗类文创产品。通过对白裤瑶服饰文化资源的挖掘，将其转化为创意源泉，设计一些非遗文创产品，有效提升白裤瑶服饰文化的新活力。最后，利用现代自媒体进行宣传。通过互联网平台，推广白裤瑶旅游文创产品，让白裤瑶非遗走进大众的生活，满足消费者多元化的需求。通过种种手段，不仅能丰富白裤瑶旅游文化的新业态，还能为白裤瑶村民增收创富，有利于白裤瑶服饰技艺的开发保护。

旅游是文化的体现，是实现让非物质文化"活起来""走出来"的重要路径和媒介。文化与旅游的融合能够促进文化内涵的发掘，凸显地域文化特色，政府要合理开发白裤瑶服饰文化的商业价值，通过旅游业来带动白裤瑶文化的保护和传承。

三、白裤瑶服饰技艺的活态传承方式

（一）师徒传承

"所谓活态传承就是由社会群体或掌握某种特殊技艺的人,通过口传心授的方式，一代一代地将民间传统和特殊技艺传承下来。"古往今来，无论是传统造物艺术还是其他传统文化领域，师徒相承，薪火相传，都是文化传承最主要的方式。虽然现代的班级制教育模式，使得文化的传承路径有了更大的扩展。但作为特殊性极强的非物质文化遗产，传统的师徒传承方式不是现代班级制教学方式可以完全替代的。对于白裤瑶族服饰技艺来说，技艺本身的技法传承是重中之重，传承人的授课和家族式传承是最基本的。一直以来，白裤瑶族服饰技艺能一代代传承下来主要是靠家庭的传承，母亲教女儿，长辈教晚辈，使得其服饰技艺在潜移默化中得到有效传承。通过血缘连接的师"父"与徒"儿"关系实现技艺的传承，传技者兢兢业业，言传身教，受教者则能尽心尽力，乐此不疲地学习。2021年，我们去里湖调研时正好是下午，看到三五个白裤瑶妇女，就坐在一个小园里的树荫下，有年老的也有中年妇女，她们正安安静静地一针一线去绣她们的衣服，绣盘王印、人仔花（见图5-8）。白裤瑶妇女们一边绣，一边互相调笑着，让人看着十分祥和温馨，或许这就是传承的魅力。

图 5-8　白裤瑶妇女在织绣

但是我们也应当看到，随着时代的发展，年轻一代的小姑娘不再愿意学习复杂繁琐的白裤瑶族服饰技艺，传承面临着断层的危险。据笔者考察，即便是像何金秀这样的国家级传承人，其女儿都没能接过她的衣钵。面对这种情况，师徒传承变得更为迫切，比如可以将村子里手艺好的人聚集在一起，办"一对一、手把手"教学，可以让教学成效更加显著。政府部门也可以开展"师徒传承"的传帮带宣传工作，定期开设一些染织培训班，鼓励手艺人将自己的核心技艺传授给非家庭成员的其他人。

（二）体验式的"技艺"传承

在飞速发展的大数据信息时代，互联网的飞速发展使许多生活方式、信息接收渠道都跟以前大不相同。在互联网大数据视域下，人们接受新鲜事物有了更多的方式方法。面对白裤瑶族技艺传承，我们可以将沉浸式体验带入到现代社会人们的生活中去。白裤瑶族地区相对偏僻，路途遥远，但是白裤瑶族服饰技艺却可以"走出大山"。

人们对于单一的视觉观看和简单的文字说明容易产生一定的疲倦感，不能让人对白裤瑶服饰技艺记忆深刻。我们的传统技艺宣传方法有两个弊端，一是不够普及，二是不能体验。所以，白裤瑶族服饰技艺的沉浸式体验可以避开这些缺陷，将沉浸式体验馆搬出大山，开办到城市中去。比如白裤瑶服饰从跑纱、织布、绘画、染色到脱膏和刺绣的整个制作过程，都有着这个民族独特的方式，可以将它们设计成片断化体验式教学。还可以将白裤瑶族天然的染料放进体验馆中，让人们近距离地感受大自然的馈赠，更好地理解白裤瑶族服饰的制作流程。实际上，从染织到刺绣，都可以设计成有趣的体验活动。体验式活动可以实现参与者与白裤瑶族服饰的真实互动，多种感官相结合，让人更加印象深刻。美好的体验则能让人一发不可收拾地爱上它，兴趣与爱好则是学习与传承它最好的动力源泉。

（三）技艺进校园

众所周知，非物质文化遗产主要在民间艺人的手中代代相传，比如白裤瑶服饰传承人何金秀、黎凤珍等。但是，我们也应当看到狭隘的生存空间，狭窄的传承路径，使得许多的非物质文化遗产正一步步走向消失。现在，决策层意识到这个问题，提出各级学校也应当承担起非遗传承的重任，比如2008年，文化部副部长周和平就说："非物质文化遗产进课堂、进教材、进校园是非物质文化遗产保护可持续发展的根本举措，也是国外非物质文化遗产保护的成功经验。"《国务院关于加强文化遗产保护的通知》第五条第四款规定："各级各类文化遗产保护机构要经常举办展示、论坛、讲座等活动，使公众更多地了解文化遗产的丰富内涵。教育部门要将优秀文化遗产内容和文化遗产保护知识纳入教学计划，编入教材，组织参观学习活动，激发青少年热爱祖国优秀传统文化的热情。"[①]非遗进校园，将使学生从小感受到中国传统文化的魅力，营造传承非物质文化遗产的良好氛围，在青少年心中播下非物质文化遗产保护的种子。

　　非遗进校园，一方面可以丰富学生的第二课堂，另一方面它又成为非遗传承与保护的一个重要契机。在学校教育通行的今天，班级教学成为常态，过去那种一代传一代的师徒式传承模式早已不能适合时代的发展。非遗，不能成为一种秘诀或秘方在一代又一代的家庭生活中传承，而要让它们生活在更广阔的世界，学校传承将会是非遗的不二选择。对于白裤瑶服饰独具特色的制作流程和技艺，将其制作步骤和方法写进教材中去，可以充实高校传统技艺的课程内容。同时，我们也欣喜地了解到，非遗传承人何金秀被里湖小学聘为校外导师，每周都要定期去中心小学上课，为学生带去他们祖祖辈辈赖以传承的染织技艺。何金秀为了使学生更加有效地学习粘膏染技艺，还专门设计了一套从易到难，循序渐进的技法流程（见图5-9），这样就可以使学生快速体会到制作成功的快乐。而快乐则是他们进一步学习这项技艺的动力，可以激发学生对传统民族服饰工艺的学习热情。

---

① 王守义.非物质文化遗产保护与地方高校的文化责任[J].文艺理论与批评,2010（1）：140-143.

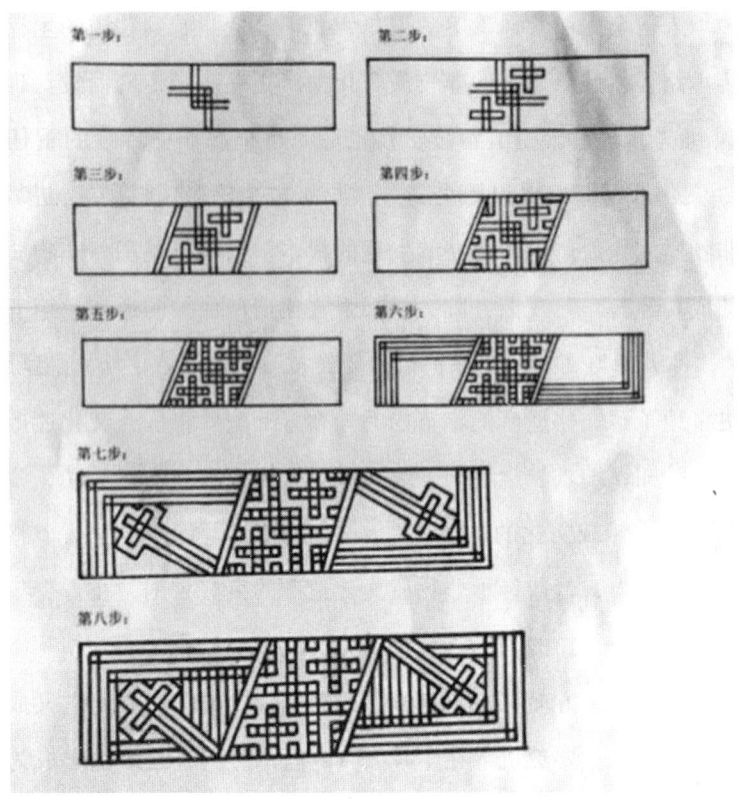

图 5-9 何金秀设计的粘膏画图案刻画步骤

（四）虚拟技术助力活态传承

白裤瑶族服饰技艺的传承与发展，要顺应时代的潮流，只有在发展中不断追求创新改革，才不会被淘汰。所以，对于白裤瑶族服饰技艺的传承，还可以通过一些现代科技手段进行记录，最大幅度地保存原始技法，将艺术与技术相结合。如今技术发展十分快，因此对于传统文化的保护与传承也可以利用先进的技术，比如利用图谱以及画像等方式将传统的文化做成"活数据"。

虚拟仿真技术现在发展非常成熟，各个领域都得到了有效利用，我们也可以将非物质文化遗产和 VR 技术相结合，使得更多的人观看该传统文化时有身临其境的感觉，从而更能感受到文化内在的魅力。当越来越多的人通过 VR 感受到传统文化的魅力，该非物质文化遗产也就能够获得更多的认同感，从而也就能够促进其发展。

通过虚拟现实技术结合白裤瑶服饰文化的要点是需要搭建起一个三维虚拟服饰展示系统，向人们展示白裤瑶族服饰的制作工艺和流程，从而使观众可以随时随地感受白裤瑶独具特色的服饰工艺文化，让观众身临其境地感受白裤瑶传统文化的魅力，从而为民族服饰营造更有力的存续环境。首先利用 3D 扫描技术在三维软件中将白裤瑶服饰的多种款式的模型完美再现；再利用 MYA、CAD 等三维软件建模，制作出三维场景模型；再将这些模型导入 Unity Unreal 蓝图中，制作与设计出一些基本关卡；最后进行优化。在体验系统设计中则采用 Leep motion 技术，采集用户双手的实时动态，使之可以在虚拟场景中能够"亲手"制作白裤瑶服饰。Leep motion 是一款优秀的体感控制器，当 Leep motion 动作时，用户可以只利用手指就完成一系列需要鼠标和键盘才能完成的工作，例如翻动网页、浏览照片。虚拟现实体验系统完成后，用户可以佩戴 VR 眼镜等其他可穿戴设备，配合 Leep motion 的使用，完成"亲手"制作白裤瑶服饰的过程，从中可以感受到与现实场景中不一样的魅力。

利用现代技术对传统文化进行保存，能够保存得更加具体、清晰和全面，保存时间也能够更加长久，改变了原先只能通过文字记载和口传身教保存传统文化的困境。虚拟技术的出现，可以在少数民族服饰技法的传承方面起到很大作用，使民族服饰技法有了新的传承模式。通过先进的数据库和数字平台，向更多的人展示白裤瑶族服饰的技艺，有效地提高了白裤瑶族服饰技艺的传承时效性和受众广泛性。当然，技艺的活态传承更主要在于技艺的代代传承，其传承的主要载体就是人，虚拟现实技术只能起一种记录与活化的作用，因此它在非物质文化遗产的保护与传承中也只能是"助力"作用。

本章小结

白裤瑶是一个历史悠久的少数民族。白裤瑶服饰也代表着一种传统民族文化，其特有的服饰装饰纹样，承载着白裤瑶族久远的历史记忆。白裤瑶族服饰技艺同样也是我国民族传统手工艺中的重要组成部分，其独特的制作技艺、象征意味浓厚的装饰纹样，都是我国优秀传统文化的宝藏，值得我们去研究、去发掘，更值得我们去保护与传承。因为白裤瑶族独特的自然环境和历史文化，白裤瑶服饰本身就是民族身份的重要标志，也是增强民族凝聚力的重要载体。白裤瑶服饰通过文化符号的表达，凸显了民族向心力和凝聚力，是民族身份的身体再现。白裤瑶服饰的制作技艺也展示了白裤瑶人民勤劳、善良和淳朴的生活态度。

  随着时代的发展，城镇化的推进，现代文明的冲击，笔者发现白裤瑶族服饰技艺的活态传承也面临重重困难。根据非遗传承与保护的原则，我们也提出了一些具有建设性的传承策略和方案。研究认为：在文化自信的基础上，深化其民族认同感是白裤瑶服饰技艺得到活态传承的基础；政府完善非物质文化遗产传承的管理体制、拓宽传承人的培育途径、建立传承人的监管与考核机制是制度保障，可以成为一种常态化机制，规范白裤瑶服饰技艺的活态传承行为；在生产性保护中可以实现活态传承，文旅融合共同保护措施可以为活态传承提供新的发展路径。在全球化的今天，活态保护能够促进白裤瑶服饰文化的内涵式发展，文旅融合则是实现让非物质文化"活起来""走出来"的重要路径。

PART SIX
第六章

创新发展：白裤瑶染织类民族特需品发展路径探讨

第一节　关于非物质文化遗产与民族特需品[①]

一、关于民族特需品

从广义角度分析，民族特需品主要包括衣、食、住、行及生产、交换、贸易、工艺、宗教、语言、医药等方面的用品。从狭义方面来看，民族特需用品反映了目前少数民族群众生产生活的特殊需要，并具有一定的历史文化传统特色。在国家民委《关于印发1997年少数民族特需用品目录（修订）的通知》所列的目录中，确定了针纺织类、服装类、鞋帽类、日用杂品类、家具类、文化用品类、工艺美术品类、药类、生产工具类、边销茶类等10个大类，共500余个品种，基本涵盖了各少数民族群众生产生活中特殊需要的产品。2001年，国家民委下发了《关于印发少数民族特需用品目录（2001年修订）的通知》，该修订目录反映了新形势下少数民族群众生产生活的特殊需要。

根据《关于印发少数民族特需用品目录（2001年修订）的通知》精神，白裤瑶染织类服饰可以从"一、针纺织类"中的"2. 瑶族绣花布、白棉布、扎染品、蜡染品……瑶族长纱布、包头布等。3. 瑶族背包、背带、头饰织品、瑶族八宝被、少数民族织带、少数民族花纥、绣花枕头、绣花背娃带、盖头、少数民族头巾、少数民族绣（刺绣）品等"，以及"二、服装类"中的"1. 少数民族服装。2. 少数民族特殊用途服装：少数民族舞台、戏剧戏曲服装等"找到相对应的民族特需品。其中：

（1）白裤瑶用织布机织造的白棉布，以及用于装饰百褶裙下摆的蚕丝布，属于第一款第2类。图6-1就是集市上白裤瑶人在购买白棉布的场景，而且据笔者观察，集市上的白棉布买卖是白裤瑶非常重要的交易行为，由此也可以看出其对白棉布的需求量极大。

[①] 本章在黄三艳副教授的指导下，主要由南宁理工学院林欣欣老师撰写完成。

第六章
创新发展：白裤瑶染织类民族特需品发展路径探讨

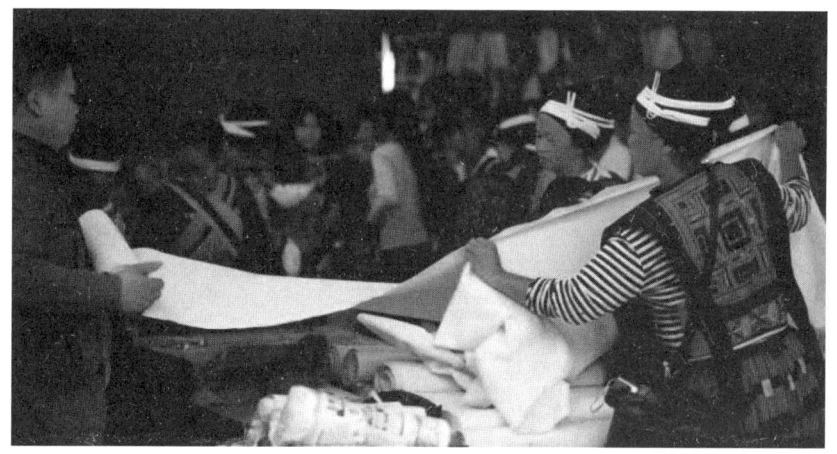

图 6-1　里湖市场上的白棉布买卖

（2）白裤瑶用于背儿童的背带、白色头巾、各类织带及腰带则属于第一款第 3 类（见图 6-2、图 6-3）。

图 6-2　娃崽背带

（3）白裤瑶各类贯头衣、小花衣、盛装花衣，属于第二款第 1 类（见图 6-3）。据笔者调查研究，由于白裤瑶的贯头衣、小花衣、盛装花衣等制作程序与制作方法比较特别，大部分仍然由人工制作而成，但是也有部分装饰材料可以由机器代替。

163

图 6-3　男子服装与腰带

二、非物质文化遗产与民族特需品的关系

从以上概念分析可以得知，非物质文化遗产是不以物质存在为依据的，它是无形的，比如手工艺、口述史等，所以叫作"非物质"。其特点是活态流变，突出非物质的属性。从瑶族服饰来说，织造技艺、印染方法、刺绣针法、纺织技艺等属于非物质文化。而通过这些技艺生产出来的服装服饰品，则属于民族特需品。因此，就瑶族服饰来说，其非物质文化遗产和民族特需品之间是相互依存的关系，其服饰技艺是制作出民族特需品的技术先导与前提，一旦这些技艺失传，其大部分民族特需品是无法生产出来的。而其特有的民族特需品则是服饰技艺赖以呈现的物质载体，一旦这些载体变得无足轻重，那么其服饰技艺就会岌岌可危。就像一些少数民族一样，在全球化的影响下，轻便、时尚的潮流衣服完全取代了制作跨度大、制作周期长的民族服装，其民族特需品就慢慢淡出了人们的视野，而赖以生存的服饰制作的手工技艺也就随之消失。实际上，研究团队 2021 年年底在南丹里湖集市上看到的景象就是如此，比如图 6-4 中的妇女穿着的就是简便的流行服装，牛仔裤配

T恤衫，只有娃崽背带还是传统的白裤瑶特需品。因此，如何保护民族特需品与如何保护非物质文化遗产是相辅相成的。

图 6-4　集市上背娃的白裤瑶妇女

第二节　生产性保护：白裤瑶染织类民族特需品的内生发展路径

根据笔者实地调研，发现白裤瑶大部分染织类民族特需品，比如娃崽背带、男女盛装上衣、男子大白裤、女子百褶裙、男女的彩色绑带等大都仍然是由白裤瑶妇女在繁重的生产劳动之余，一针一线缝制而成。因此，生产性保护仍然是白裤瑶染织类民族特需品的内生路径，家庭妇女、非遗传承人仍然是白裤瑶服饰的重要生产者。

一、白裤瑶染织技艺的生产性保护现状

白裤瑶是瑶族的一个支系,自称"布诺",因男子穿齐膝白裤而得名。他们主要聚居在广西西北部的南丹县八圩、里湖瑶族乡和贵州省荔波县朝阳区瑶山乡一带,总人口约3万。瑶族服饰于2006年入选第一批国家级非物质文化遗产名录。目前,南丹白裤瑶服饰染织技艺有国家级传承人一名和区级传承人两名。笔者从作坊规模、作坊成员、主要销路、收入状况、宣传方式等方面访谈了国家级传承人何金秀和自治区级传承人黎凤珍。她们的家庭均被授予瑶族服饰生产性保护示范户(图6-5和图6-6),因此笔者认为她们可以代表白裤瑶染织技艺的生产性保护现状。

图6-5 何金秀的瑶族服饰生产性
保护示范户

图6-6 黎凤珍的非遗瑶族服饰
传习示范户

(一)"传承基地+农户"模式——国家级传承人何金秀生产性保护现状

关于何金秀,第五章已有详细的介绍,本节主要分析其生产性保护基地现状,其模式可以概括为"传承基地+农户"模式,也就是以其自家保护基

地为中心,联合村里农户进行生产性保护。作为白裤瑶服饰生产性保护示范中心,她的家里经常挤满了前来学艺的绣娘以及一些后学者(见图6-7、6-8)。

图6-7 何金秀(左)为笔者示范作画　　图6-8 何金秀在自家为小学生讲授技艺

何金秀表示,为了满足现代人的审美需求,她在保留白裤瑶服饰的文化基因的基础上,还生产了瑶族服饰的周边产品,比如纯手工包包定制(见图6-9),美观又方便,从画到绣,全都是她一个人完成。另外,她经常接待从外地前来考察的白裤瑶服饰爱好者,并为她们提供服饰的穿戴体验(见图6-10),免费或收取一定的体验费用。在爱好者拍照留念的同时,也为白裤瑶服饰起到了宣传的作用。她还介绍说她所在的小寨有125户人家,有70多户是长期跟着她一起做服饰的,每户每年收入八千到一万不等。带着农户脱贫,她表示很开心。"因为这是她们收入的一部分,我一般都是设计好图案,把材料给她们做,等她们做好我再收回来,在年底把钱付给她们。她们脱贫了,我也很高兴。"当谈论到机绣效率高,是否考虑同时发展机绣业务时,何金秀说里湖乡镇上也有两家机绣店面(见图6-11)。"之前有一批订单,我们手工的赶不上货期,我们就把机绣的产品当手工产品卖出去,顾客都不太喜欢,不买账。大家还是更加偏向纯手工的服饰。"(见图6-12)近年来,何金秀多次受邀参加"东盟博览会文化论坛"、广西壮族自治区非物质文化遗产传统技艺展示等各级各类展览活动,荣获多项荣誉。正是她的工匠精神和对工艺传承的一腔热血,以及在共同富裕思想下带着村里绣娘一起奔小康的精神,为白裤瑶染织技艺的生产性传承做出了突出的贡献。

图 6-9　定制文创产品包包　　图 6-10　白裤瑶服饰爱好者体验白裤瑶服饰

图 6-11　机绣机器设备　　　　图 6-12　纯手工服饰制作的工具

（二）"染坊基地+家庭传承+农户"模式——区级传承人黎凤珍生产性保护现状

关于黎凤珍（见图 6-13），本书第五章有详细介绍，本节主要探讨其生产性保护的模式与现状。其生产模式可以概括为"染坊基地+家庭传承+农户"模式，简单地说，她是以自家染坊基地为基础，在自家女儿的传承与帮助下，联合本地农户进行生产性保护。

在机绣横流的快餐时代，黎凤珍仍然坚持着传统手工技艺（见图 6-14、图 6-15）。她表示，在当地，纯手工的白裤瑶服饰依然很受欢迎，即使部分人在家里劳务时穿便装，但出去赶圩或去亲戚朋友家里做客都要穿自己亲手做的传统服饰，否则有失礼之意。

值得一提的是，黎凤珍的女儿黎秋亿也能独立掌握制作瑶族服饰的全套技艺，并于 2020 年 12 月被认定为瑶族服饰县级代表性传承人。今年 25 岁的黎秋亿平日里也帮着母亲经营手工坊，她们一起运营的染坊还成为了首个以民族文化带动脱贫的"就业扶贫车间"，相较于她的母亲，她更擅长具有白裤瑶民族特色的文创产品设计，她说："我们想通过政府各方面的帮扶宣传，还有自身的努力，把我们白裤瑶产品推往世界各地。因为我们白裤瑶这个手工艺非常珍贵，现在会的人越来越少，我要把白裤瑶技艺传承下去。把白裤瑶这精美、精致的手工艺运用在新时代的潮流上，让更多的人去喜欢去接受它。"2020 年始，为了既保留民族文化的独特性，又能适应市场需求，她们由原来单一的手工服饰制作逐步扩展到文创产品设计生产。由黎秋亿负责设计的背包、耳环、帽子、抱枕等文创产品，在传统手工刺绣中融入时尚元素，深受广大年轻朋友的喜爱。

黎凤珍的手工染坊成立后，社会订单增多，村里的妇女们就从黎凤珍处领取绣品材料在家里绣制，这样她们在照顾老人和孩子的同时，还能在家门口赚钱补贴家用。目前，黎凤珍的蓝靛染布坊带动的贫困户妇女达 79 户，图 6-16 就是黎凤珍在年底给农户结算酬金的情形。她的家也由原来土房翻修成两层小洋房。但由于工作坊在偏远的乡下，所以她只负责生产。关于销售以及成品最后走进市场的方式是通过参加各级博览会以及区市级举办的各类展销活动实现的（见图 6-17），有少量的表演服饰在线上订购。另外，她和丈夫在赶圩日会带一些染布去南丹县里湖、八圩街摆地摊售卖，不过以销售布料为主（见图 6-18）。

正是黎凤珍的勤劳以及对白裤瑶服饰一如既往的坚持，她被国务院农民工工作领导小组授予 2020 年"全国优秀农民工"荣誉称号，成为河池市唯一荣获此殊荣的农民工。作为白裤瑶染织技艺的传承人，黎凤珍不仅担负起了传承与发展本民族服饰制作技艺的重任，同时也成为更多白裤瑶同胞走上增收致富的领路人。

图 6-13　黎凤珍

图 6-14　蓝靛染缸

图 6-15　染色后待晾干的织物

图 6-16　黎凤珍为农户发放刺绣酬劳

图 6-17 白裤瑶参加展销活动　　图 6-18 里湖镇上售卖白裤瑶服饰布料的店面

二、存在的问题

自响应国家政策以来，白裤瑶染织技艺正朝着健康的方向发展。以上通过对南丹白裤瑶服饰的生产性保护基地进行田野调查，并结合与传承人何金秀、黎凤珍等人的访谈内容分析，笔者发现目前白裤瑶染织类特需品在生产性保护过程中存在着以下几个问题：

第一，代表性传承人"高龄化"。同其他非遗项目一样，白裤瑶染织技艺传承主体的主要矛盾不在于传承人是否愿意传授工艺，而在于年轻人不愿意学习技艺。新时代的年轻人认为传统的白裤瑶服饰老套、不时尚，加之系统掌握白裤瑶染织技艺需要一个漫长的过程，且目前难以产生丰厚的经济效益，因此，她们更愿意接触新文化，大多数习惯了现代快节奏的年轻人都选择外出打工，导致农村出现了人口空心化现象，白裤瑶染织技艺的传承人也呈现出严重的老龄化现象。

第二，部分"核心技艺"不受重视。白裤瑶服饰传统制作最"核心"的技艺有反面十字挑绣、粘膏画工艺等。白裤瑶服饰之所以能被传承下来，离不开这些精湛的手工制作技艺。但是笔者调研时发现，市场上出售的白裤瑶服饰衍生品质量良莠不齐，譬如个别抱枕或包包的布料不是手工染织而成，而是直接在市面上购买的蓝染半成品，然后直接在机器上批量绣制出来的，缺失了精神内核，用何金秀的话说就是缺少"人气"。其次是蓝染布。现在市场上的蓝染技术也呈现工业化倾向，比起用复杂的粘膏防染，工业化的染色技术更加快捷方便，因此也出现了有些制作者直接购买市场上的蓝染布进行制作，这样就会导致其核心技艺—粘膏染不受重视。

第三，农家绣娘收入偏低。近年来，由于白裤瑶服饰名气增加，非遗传承人经常会接到一些服饰制作订单，传承人一个人无法完成，便将部分服饰染织任务分配给附近的绣娘。到年底，传承人再按农户绣娘所完成的任务量付相应的酬劳，绣娘的收入完全取决于个人所织造的服饰多少。然而，每个绣娘的时间和精力都是有限的，她们大多数人都是在忙完家务活而空闲时才做织绣。而且制作瑶服是细活儿，需要心平气和、专心致志才能做出好的成品，很是劳心费神。与其他劳动轻松、薪水又不低的工作相比，染织瑶服并不占优势，这样就严重影响了年轻一代的农家绣娘学习染织技艺的积极性。另外，农家绣娘不仅收入低，还被有些人说成是"没有发展前途的织绣工人"，使其没有荣誉感。她们当中愿意留下长期做瑶服的，除了迫于生计的妇女，便只有屈指可数的年老一代的几个人，这也严重影响了白裤瑶染织技艺的传承。

第四，营销策略单一老式。白裤瑶染织类特需品需要在市场上流通才能实现其价值，但相对落后的生产模式及营销策略制约了其生产性保护的成效。到目前为止，白裤瑶染织类特需品的主要生产方式仍然是家庭小作坊，他们并没有抓住时代机遇做强做大。宣传方式也主要靠政府宣传为主，形式单一。营销方式也是主要以家庭门店以及非物质文化遗产生产基地委托销售的形式为主，网络销售订单极其少，销售渠道不广，因此没有达到良好的传播效果与品牌影响力。

三、白裤瑶染织类特需品的生产性保护路径

（一）实行原真型与创新型双向发展传承人制度

保护非物质文化遗产可走两种路线，即保守路线和激进路线。"需求决

定了生产和发展,对非物质文化遗产保护来说也不例外。"[①]在白裤瑶染织类特需品的生产与保护过程中,需要将这两条路线结合起来,在保留传统的同时,不断地发展和创新。

生产与消费是关系密切的两大经济运行的环节。从经济学的观点来看,生产是一切经济活动的起始点,而消费则是经济活动的终点。人们会消费某些文化产品,正是因为人们需要它们。坚持"原汁原味"是传统文化传承的实质性要求,创新是与时俱进的需要及结果。基于以上原因,对于传承人的培养和保护也应当予以明确的界限,即可以实行双型传承人制度:一部分传承人作为原真型传承人,走保守路线,对白裤瑶染织技艺进行竭力保留;另一部分传承人作为创新型传承人,走激进路线,在保留白裤瑶染织类特需品核心技艺的基础上,可在旅游文创产品及其他周边产品上做大胆又合理地创新,从而保证白裤瑶染织技艺的原真性与创新性得到双向发展。

白裤瑶服饰承载了瑶族历史文化记忆,是瑶族文化精髓的重要体现,而白裤瑶服饰保存的原真性正是衡量白裤瑶服饰文化内涵和底蕴的标尺。从宏观上来看,我国非物质文化遗产保护工作的"原真性"经历了提出倡议、制定规则、立法保护等环节,这种递进式的转变更加明确了"原真性"是开展非遗保护工作的出发点和落脚点。因此,针对白裤瑶服饰面临的原真性问题,笔者认为应该采取遵循传承与发展并存的原则,实行原真型与创新型双向发展传承人制度的策略,妥善化解白裤瑶染织技艺守旧与创新的矛盾。这里的传承是指在当地开展的民俗传统活动,比如结婚、重要会议等这类活动所需的服饰特需品就必须由原真型传承人负责原汁原味地生产、销售,保护好白裤瑶服饰的原真性。而创新性发展就是展演比赛等活动所需的舞台服饰,则需要由创新型传承人负责进行适当创作与改制,以增其观赏性,达到舞台所需效果。除此之外,旅游文创产品的设计也需要在汲取白裤瑶文化精髓的基础上,创造性转化与创新性发展。但创新型传承人不要一味地追求市场回报

---

① 宋俊华. 文化生产与非物质文化遗产生产性保护[J]. 文化遗产, 2012 (1).

而忽略了白裤瑶染织技艺的内在本质,正如王文章所言,要认识到"生产性传承过程中间一定要继承前辈的经验,要思考今天的传承人在创作中怎么样赋予作品以独特的个性。"①要在生产中传承,在传承中创新,将白裤瑶染织技艺的核心技术、文化内涵,甚至自身的艺术个性都传承下来。

为了更好地保证二者的特性与区别,国家可立法实行原真型传承人与创新型传承人制度。发展原真型传承人作为白裤瑶服饰传统技艺传习活动的主导者与实施者,以优化其生存条件来保障白裤瑶服饰的原真性。只有解决了原真型传承人的后顾之忧,才能确保其不受外界利益的干扰与影响,全身心地投入于传承活动中,并在规定时间段内有计划、有目的地开展技艺传习活动,最大限度地将其核心技艺传承下来,保障白裤瑶服饰核心技艺的原真性(见图 6-19)。对于创新型传承人,则应适当安排她们走出大山,到高校、到设计公司去接受创意训练,打开她们的眼界。政府对白裤瑶服饰发展做出突出贡献的创新型传承人也应给予充分地奖励与表彰。同时,也要以规章制度制约其创新的合理性,防止创新型传承人为了迎合市场而盲目创新。两类传承人要各司其职,双向发展。

图 6-19 传承人黎凤珍与姐妹们一起做织绣

---

① 王文章.简谈传统手工技艺的生产性保护[J].中华文化画报,2010(9).

总之，可以尝试在传承与发展并存的基础上落实原真型与创新型双向发展的传承人制度，在对白裤瑶染织类特需品制作技艺进行原真性保护的同时，对白裤瑶服饰舞台装、旅游文创产品则进行合理且适度地创新，这种创新是为了适应社会和时代发展的需要。

（二）传承"核心技艺"，守住精神内核

2009年年初，文化部召开非遗生产性保护的论坛时首次提出"核心技艺"这一概念，并强调核心技艺和人文价值是生产性保护中需要研究和重视的核心。白裤瑶染织技艺之所以能历经悠久的历史传承至今，离不开其精妙的核心技艺。这些工艺流程相对稳定，但工艺中的各个环节是紧密相连的，手艺人总能把工艺环节合理地掌握在手中。当然，也有一些不可避免的因素，如人、时间、空间、天气等变量，会影响白裤瑶染织技艺的传承质量和未来发展，比如白裤瑶服饰中的防染剂——粘膏的采集时间必须是农历四月，其他时间采集的粘膏均不好使。

生产性保护提倡生产和保护并重，生产强调顺应时代的发展，但在生产之前必须明确要保护的内容，强调不变的要素，"核心技艺"的保留是生产性保护的根本。[①]在白裤瑶染织技艺中，其核心技艺当数粘膏防染以及百褶裙的制作技艺等。但是，任何一种手工艺技能的变化都有一些相对不变的因素，而这种相对不变的核心技艺恰恰是需要挖掘和提炼的。把握核心技艺的精神内核，积极应对现代技术的冲击，使从历史演变中发展而来的白裤瑶服饰融入现在和未来的生活。我们需要用辩证的思维去理解和平衡多变和不变的问题。也就是说，我们只有掌握好白裤瑶服饰的"核心技艺"，才能在技术进步、工具更新、思想渗透、材料发展、市场变化等多变的情况下依然可以将其传承和发展。

在开发白裤瑶服饰的旅游文创产品时，为了切实守住白裤瑶染织技艺的精神内核，必须通过白裤瑶的染织专家、瑶学学者及政府管理部门的参与、

---

① 李若男. 北京非物质文化遗产生产性保护研究[D].天津：天津理工大学，2018.

验证及批准。只有在坚持"原真性"的基础上挖掘其文化内涵，白裤瑶染织类特需品的文创产品开发才能守住其精神内核，才不会偏离"原真性"的基本原则。如果一味地追求经济效益使"核心技艺"发生了变化，必然会导致白裤瑶染织技艺的灵魂消散。所以在创新的过程中，我们一定要竭力实施好"核心技艺"这一概念，才能守住白裤瑶服饰的精神内核。

（三）完善销售宣传渠道，与时俱进地传承发展

在"互联网+"的背景下，完善销售渠道的建设，对白裤瑶染织技艺的生产性保护也将发挥重要作用。以南丹白裤瑶为例，笔者根据对里湖镇几十户瑶家的实地访谈得知，大多数家庭手工坊几乎不做电子商务，而且缺乏对网络渠道建设的认识与积极性。其染织类特需品的消费群体主要集中在政府、博物馆和农户，而且大多数是由熟人介绍而登门拜访购买为主，常因销售渠道的局限而经营惨淡。因此，为了促进潜在消费群体的涌现，比如国内外学者、民俗爱好者、外地旅客等，对互联网销售渠道的拓展是一种必然趋势。这时，就可以充分利用时下流行的网络销售渠道，如国内知名成熟的电商平台淘宝、京东、拼多多等大型综合电商平台开展专题展示、销售活动，拓展销售渠道，改变单一的线下家庭专营店销售模式。借助互联网的优势，不仅可以扩大白裤瑶服饰的品牌影响力，还可以打开白裤瑶染织类特需品在全国乃至全球的销售市场。

没有宣传就难有市场。为了提升白裤瑶染织类特需品的品牌形象，还可以通过多种媒介、多种宣传手段进行多方位、立体化的宣传推介营销活动。首先，要创新宣传方式，除了影视、演艺等传媒手段，还要利用微博、APP、动漫、微电影、微信等现代媒体，打造与白裤瑶服饰文化相适应的新型交流体系。其次，借助电影电视剧内嵌广告的形式，开展白裤瑶染织类旅游文化产品的全面宣传与体验模式，以达到提高瑶族服饰知名度的作用，使白裤瑶服饰这项国家级非遗走进人们的视野中，而不再是一件陈列于博物馆的"历史古董"。另外，教育对市场极具影响力与感召力。因此，可以在各地举办

一些大型的白裤瑶染织技艺的知识讲座或者比赛，提高普通群众的参与度。在条件允许的情况下，可以遴选白裤瑶染织类特需品的品牌形象大使或代言人。

（四）结合旅游文化，与白裤瑶其他非遗互助式发展

近年来，与旅游相结合是非遗产业化发展的趋势。但由于在规划过程中，没有进行充分的调研和科学的论证，特别是在旅游市场的结构分析上，没有从全局统筹上进行综合考虑，从而造成了一些旅游项目的"贪多求大""项目雷同"的现象。①要让旅游经济带动白裤瑶染织类特需品的生产性保护与经济开发，旅游区可以将白裤瑶染织技艺作为一项旅游活动项目，适当增加有偿或无偿的白裤瑶服饰的制作场景体验活动，鼓励游客参与活动。这样不仅增加了旅游活动项目，而且还促进了白裤瑶染织技艺保护工作的开展，而且能更好地吸引年轻一辈对白裤瑶染织技艺的传承注意，以达到培养白裤瑶染织技艺传承人的目的。对非遗的关注程度愈高，村民所获的经济利益愈大。以所得之利传承和保护非遗，形成共赢之势，"非遗+旅游"的发展不再是空虚，"文化"涵养亦有所提升。

1. 整合资源，打造白裤瑶风情非遗文化圈

瑶族主要分布在广西，而广西南丹县又是白裤瑶的主要聚居地。广西白裤瑶非遗的传播和推广将对世界瑶族文化产生重大影响。在对白裤瑶染织技艺进行生产性保护的过程中，要将白裤瑶染织技艺与白裤瑶其他非遗项目及当地旅游文化充分结合起来，整合资源，形成一套完整的有白裤瑶染织类特需品参与的旅游规划设计，精心打造瑶族风情非遗文化圈。

众所周知，盘王节是瑶族最大的传统节日，且早已被列入国家级非遗名录。自 20 世纪 90 年代以来，岭南各省区相继成功举办了近二十届"世界瑶族盘王节"，吸引了来自世界各地的瑶族同胞前来互动交流，也向世界展示

---

① 管育鹰. 民间文学艺术保护模式评介[EB/OL]. 中国法学网, http://www.iolaw.org.

了广西瑶族文化的魅力。因此,有专家建议将瑶族盘王节列入申请世界非遗名录的议程。①在开发瑶族旅游文化时,可以乘机整合资源,科学策划,共同组织"世界瑶族服饰"庆典,并在旅游中增设瑶族节日歌舞、饮食、体育竞技、说唱艺术等非遗项目,譬如白裤瑶细化歌、瑶族猴鼓舞、打陀螺、白裤瑶铜鼓舞等其他具有民族特色的非物质文化遗产。另外,还可以举办国际瑶族文化研讨会等学术交流,借此升级打造白裤瑶服饰的传播力和全球传播影响力,打造白裤瑶风情非遗文化圈,吸引全国乃至世界瑶族同胞前来旅游。

图 6-19　正在开发中的歌娅思谷

总之,借助旅游业蓬勃发展的这道东风,政府及投资者要充分挖掘白裤瑶染织类特需品潜在的经济价值,发挥其开发旅游资源的能力,使白裤瑶染织技艺与瑶族其他非遗项目互助式发展,丰富瑶族风情旅游文化的多样性,打破传统的风景观光游,满足现代人的求知欲,由此体现出旅游业中的人文关怀。近期,我们团队再次进入白裤瑶考察,欣喜地看到当地正在打造"歌娅思谷"(图6-19),全称为"歌娅思谷·中国白裤瑶民俗风情园",是广

---

① 蓝芝同.当代传播视野下广西瑶族传统节日的"非遗"内涵与保护利用[J].广西教育学院学报,2016(2):14-20.

西河池市首家自治区五星级乡村旅游区，同时，是南丹白裤瑶民俗文化核心景点。"歌"为地名，"娅思"为漂亮瑶妹阿娅，歌娅思谷就是有漂亮瑶妹的地方，歌娅思谷因此而得名。该风情园将瑶族服饰文化、铜鼓文化、细化歌艺术及其他非物质文化融合为一体。通过整合白裤瑶各种文化资源，包括多种区级以上非遗项目，"歌娅思谷"的最终目的是要打造一个全方位的白裤瑶风情文化圈。在此衷心希望"歌娅思谷"在未来的发展中，能真正实现其文化传承与创新发展的目标，而不仅仅是商业性的文化产业投资。

2. 注重体验，加强旅游文化的互动性与参与性

现代人已不再满足于观光旅游等传统的大众旅游方式，而是更加注重舒适、独特的体验式旅行。体验旅游是一种全新的，更加多元化、深层次的旅游方式，它是在现代市场经济的背景下发展起来的。[①]所谓体验式旅游是指"为游客提供参与性和亲历性活动，使游客从感悟中感受愉悦"。体验式旅游注重的是给游客带来一种异于其本身生活的体验，比如为城市人提供乡村生活的体验，为游客带来不同地域、不同民族或者是不同年代生活的体验等。

为了提升和满足异地游客的体验感，开发者必须制定有目标的市场营销战略，对旅游消费者的需求进行调查，使其更好地适应不同的旅游消费者的需求。以河池南丹县的白裤瑶生态旅游为例，可以增设白裤瑶染织技艺的体验式环节，不再限制游客仅仅是在服饰表演活动中拍照，还应该让游客加入绣娘们的队伍当中，体验她们染织的乐趣。更进一步，在旅游规划中可以将白裤瑶的生活方式、传统文化、民俗风情等融入进去，在保持其真实内涵的基础上，打造瑶族非遗集群+相关特色产品的大产业链机制。借助白裤瑶长鼓舞、猴鼓舞、细化歌等集一体的非遗群体，发挥联动效应，打造白裤瑶特色文化体验，带动旅游、娱乐、会展等多个产业集群互助式发展，让游客从视觉、听觉、味觉、触觉等不同感官以及吃、行、住、购、娱等不同角度直

---

① 罗达丽. 体验营销：旅游企业发展的新思路[J]. 重庆工商大学学报（西部论坛），2004（5）：81-82.

接体验瑶族旅游文化。

在设计沉浸式体验设计中，要营造多样的体验环境，更加注重游客的参与性和互动性。传承人除了向游客介绍白裤瑶服饰发展史，展示传统制作工序与典型服饰之外，还要鼓励青年游客发挥新时代青年具备的数字媒体技术优势，通过高新技术的使用促进白裤瑶服饰文化内涵的表达，如将白裤瑶服饰发展历史制作成视频短片，通过微博、抖音、小红书等 APP 平台将瑶族服饰传统制作技艺流程以虚拟模式等方式进行展示，加强宣传力度，从而提高白裤瑶服饰的知名度。如此，优质的旅游体验将增强白裤瑶非遗的核心竞争优势，从而获得更高的经济效益，景区村民也不再局限于争夺住宿、餐饮等配套项目的盈利而忽视了保护白裤瑶染织技艺这一最核心的项目。

"人是乡村振兴的核心，亦是非遗旅游活化的关键。"[①]蓬勃发展的新型非遗旅游业有利于吸引年轻人才返乡，为乡村振兴注入活力。年轻一代的回归，才是白裤瑶染织技艺及其他相关非遗传承的未来。总之，无论是利用非遗发展乡村，还是在乡村振兴后保护非遗，都可以实现乡村振兴和非遗传承。两者相互成就，相辅相成，最终让非遗在乡村振兴中熠熠生辉。

当提到非遗项目结合旅游文化发展时，这里不得不强调的是，我们必须始终坚持"保护为主，开发为辅"的发展原则。瑶族景区旅游业的发展绝不能为了旅游收入的增长而不顾原生环境的承受能力，更不能因盲目追求经济利益而忽视非遗项目的传承和国家文化旅游资源的保护。游客参与旅游的价值在于最大限度地体验和感受瑶族地区独特的文化气氛。因此，与旅游业相结合的非遗项目的开发就一定要慎重，必须以原始生态环境和瑶族传统文化为基础，把传承与保护放在首要位置，保持白裤瑶染织技艺的原始魅力。

（五）坚持社会效益与经济效益并重，走可持续发展道路

白裤瑶染织类特需品在生产与发展中，不能简单粗暴地像普通商品那样

---

① 张书凝，石美玉，杨旭. 乡村振兴视角下东阳非遗旅游活化研究[J]. 旅游纵览，2021（24）：5-8.

盲目追求经济效益的产业化发展，而是必须强调所有的开发和利用都必须以传承和保护为基础，坚持经济效益与社会效益并重，科学营销，坚持走可持续发展道路。

"可持续发展"与"以人为本"是科学发展观的主要组成部分，这个指导思想对于白裤瑶染织技艺的生产和保护也有大的参考价值。可持续发展意味着我们这一代人不能剥夺后代享受这一遗产的权利。白裤瑶染织技艺的生产和保护工作要求传承人谨记：保护与传承白裤瑶染织技艺旨在更好地传递白裤瑶精神文明的火炬。白裤瑶染织技艺要想代代相传，就必须具有可持续性。那么，在白裤瑶染织类特需品创新的过程中，就不能随意修改或删减白裤瑶服饰创意产品中的核心技艺和传统文化内涵，否则白裤瑶服饰可能将会因创新而被淘汰。比如，现在遍地开花的机械织绣机，只要输入相关图案，织机就能批量化生产相关产品。但是由于它的织造程序简单，绣制方法也简单、统一，与传统的手工艺人制作具有很大的不同，缺乏个性与复杂性，其制造出来的产品也就失去了灵性。"非物质文化遗产传承人传承的不是前代人遗产生产成果，而是前代人从事的遗产生产实践活动，也就是说传承人传承着祖辈相同或相似遗产生产实践，这是非遗的内在规定性。"[①]鉴于这一内在规定性，在对白裤瑶染织类特需品进行生产性保护的同时，应当坚持可持续发展的原则，坚持以社会效益作为衡量白裤瑶染织技艺的生产性保护工作成果的主要因素，以保持白裤瑶染织技艺的传承。

白裤瑶染织技艺生产性保护的经济效益虽不能作为衡量其工作成果的主要因素，但如果没有经济效益，就难以调动传承人与经营者的积极性。因此，生产性保护不能排斥经济效益，甚至不能与之分离。必须认识到，经济效益虽然不是核心效益，但它也可以说是社会效益的一部分。非遗保护的核心是激发和增强人们的保护意识，不断推进白裤瑶染织技艺的保护和传承。如果失去了这个核心，生产性保护就变味了，也就丧失了它存在的必要性。因此，

---

① 宋俊华. 文化生产与非物质文化遗产生产性保护[J]. 文化遗产，2012（1）.

在白裤瑶染织技艺生产性保护的过程中，要做到经济效益与社会效益并重，且经济效益要服从于社会效益，寻求两者的有机结合和统一发展。①

四、生产性保护的反思

从广西南丹白裤瑶染织技艺的生产性保护的现状来分析非遗的生产性保护方式，笔者认为，生产性保护在白裤瑶服饰的实践中，既要保护白裤瑶染织技艺的核心技艺，又要保护白裤瑶服饰背后的非物质因素，即传统技艺和传承人习得的经验，这可以通过记录她们的口述历史、技艺示范等方式保留下来。生产性保护与工业化、产业化有直接联系，这是不可避免的。但是，生产性保护并不是把白裤瑶染织类特需品搬到工厂里进行大规模生产，而是要更加注重白裤瑶染织技艺的传承。经实地考察，生产性保护在白裤瑶染织技艺中的实践还算是比较成功的，主要表现在传承人没有为了个人的利益而违背传承责任和义务，以完全适应当今市场经济的发展。更让我们深思的是，如果生产性保护的运用是把白裤瑶服饰推到了市场化的潮流中，使得白裤瑶服饰市场化、国际化，以扩大白裤瑶服饰影响力，包括政府、专家学者、传承人、社会人员在内的各方力量该如何使其坚持走可持续发展道路，在国际市场上久立而不衰？

不可忽略的是，白裤瑶染织技艺的传承人在现实生活中所面临的困难，也促使他们选择以市场作为传承白裤瑶染织技艺的后盾。不管学术界和专家们对生产性保护进行了怎样的讨论和界定，在实际操作中依然存在着理论和现实的冲突。文化部的文件不仅为生产性保护的实践指明了方向，而且还为当地政府在生产经营方面的具体操作提供了政策依据。生产、流通、销售等环节相互衔接，是对非物质文化资源进行有效的转换，使之成为具有一定价值的文化生产力。目前，生产性保护可以采取市场化的方式，但是，文化遗产绝不能仅仅被看作是可以交易的商品。白裤瑶染织技艺的生产性保护要坚

---

① 杨维. 非物质文化遗产生产性保护诸问题研究[D]. 北京：中国艺术研究院，2014.

持文化的继承与市场经济的发展规律的契合，这时市场就是我们保护白裤瑶染织类特需品的重要手段，它可为白裤瑶染织技艺的传承工作提供经济保障。然而，由于白裤瑶服饰本身的特殊性，生产性保护后的白裤瑶染织类特需品需要在传承与市场之间找到平衡点，以传承为主，以流通为辅。

随着工业时代的迅速发展，机绣、机织逐渐在市场领域占有一席之地，传统手工绣织的服饰不再用于日常生活的穿戴，只在极其隆重的民俗活动的场合展现，白裤瑶女性擅长的染织工艺的生存空间正在缩小。尽管已经有人在讨论机械化如何影响传统手工业，但他们坚信，无论多么先进的机械，也不过是一种辅助工具而已。虽然市场化需要大量的机器产品，但大规模的机器生产不能完全取代传统的手工生产。因此，生产性保护仍然是传承文化精髓的一种保护方式。

第三节　外扩驱动：白裤瑶染织类特需品的外生路径举要

一、政府主导，推动区域联合发展创新

由于白裤瑶染织技艺的保护实施时间不长，所以还没有形成很稳定的盈利方式。与其他非物质文化遗产项目一样，白裤瑶染织类特需品的保护也需要充足的资金保障，这就需要政府从激励、融资等方式提供资金扶持。

首先，完善白裤瑶染织类特需品生产的激励机制。激励机制是保护民族特需品的有效措施，它可以实现少数民族特需品的产业化，最终达到以发展促进保护的目的。第一，我国在2011年颁布的《中华人民共和国非物质文化遗产法》规定，对合理利用非物质文化遗产的主体给予税收优惠。[①]传承人是少数民族特需品保护实施的直接主体，其保护方式也应可享受税收优惠。比如通过参与白裤瑶服饰的展示工作和营利性演出活动，可以减免传承人的

---

① 参见《非物质文化遗产法》（2011年）第37条.

个人所得税，让传承人得到切实的优惠，激发他们的传承热情。第二，可以采取财政补助的方式来推进少数民族特需品保护工作的深化。当经营者因不可控的客观元素导致生产利润不足时，政府可以直接对白裤瑶染织类特需品进行酌情补贴，给予直接的财政补贴，让经营者认识到白裤瑶染织类特需品具有巨大的经济效益，从而促进经营者对白裤瑶染织类特需品更积极地保护，实现白裤瑶染织类特需品在生产性保护活动上的可持续发展。第三，政府采购是保护少数民族特需品的有效手段，[①]也是政府对白裤瑶染织类特需品进行客观投资的高效措施。白裤瑶染织类特需品的可持续发展既要靠白裤瑶服饰的自身发展，又要依靠外在的物质环境支持，而这往往是通过政府采购的方式来完成的。同时，政府采购也是政府与市场共赢的一种途径。当白裤瑶染织类特需品市场不景气时，当地政府增加采购可以刺激市场需求。第四，特殊待遇型激励。这种激励形式在我国唐朝就已实施了，即凡是有本事的官员和奴仆都要比无技能的受到优待，那时凡是达到60~70岁就可以"一免为番户，再免为杂户，三免为良人，皆因赦宥所及则免之"[②]。在白裤瑶染织类特需品生产性保护过程中，为实现法律的激励目标，国家可对为白裤瑶服饰生产性保护作出重大贡献的人员给予这类激励机制的照顾，使其获得特殊的"待遇"，以此达到保护的目的。

其次，拓宽以政府为主导的融资渠道。比如传承人何金秀在进行文创产品开发时遇到资金紧张而向银行申请贷款时，政府可以为其提供利息补贴以降低传承人的投入成本。传承人不再因为资金问题而采取极端的方式来谋取利润，而是专注于白裤瑶服饰核心技艺的开发和利用，这也是一种激励。为了让更多的社会人士参与到白裤瑶服饰的开发和保护中来，政府应积极推进白裤瑶染织类特需品产业的发展，设立专项保险或投资资金，金融机构应开发更多适合于文化产业的金融产品。如北京银行推出的"创意贷"文化创意

---

① 赵宁，阎其华. 我国经济法视域下的非物质文化遗产保护[J]. 河南师范大学学报，2011（3）：147.
② 费衮. 梁溪漫志·官户杂户[M]. 西安：三秦出版社，2004：279.

金融系列产品。①白裤瑶地区的金融机构也可以利用白裤瑶服饰的文化特色，打造与白裤瑶染织类特需品挂钩的金融产品和扶持资金，政府可提供担保。例如，地方政策性银行、商业银行和民间资本应加大对白裤瑶服饰生产性保护和开发的投入，创新推出"非遗创意贷"作为白裤瑶服饰发展的金融产品，这不但给金融机构带来了经济效益，也为白裤瑶染织类特需品的发展提供了服务。

此外，因政府财力有限，建立以政府主导的多元投资融资体系来实现白裤瑶染织类特需品的自我保护是非常有必要的。具体措施可为：一是积极吸引国内外相关团体、个人的投资和捐赠，并建立具体的融资措施和规范制度，使所融资金真正用于白裤瑶染织类特需品的生产和保护工作上；二是白裤瑶服饰积极申报世界级非物质文化遗产，以获得更充分的经济和法律保障；三是民族院校可以创设白裤瑶服饰保护与发展的相关项目，向国家或省部申请专项资金作为研究经费，为专家学者们提供专项扶持资金，提高他们对白裤瑶服饰传承工作的积极性和主动性，最大限度地实现白裤瑶染织类特需品的生产、保护与开发。

二、引进企业投资，规范市场行为

企业是生产少数民族特需品不可或缺的主体，白裤瑶染织类民族服饰特需品的生产、流通、销售等环节都离不开企业的参与，尤其对于资源丰富但地区经济落后的白裤瑶地区而言。企业的实力、社会影响力以及市场开拓能力，对白裤瑶染织类民族服饰特需品相关产业的投资、开发、运营以及区域经济发展等起到较好的推动作用。一方面，企业的市场开拓能力与白裤瑶染织类特需品的品牌建设、产品类型、产品宣传推广等方面密切相关。另一方面，由于企业的参与所带来的工作岗位的增加，直接影响到白裤瑶地区人民的就业和收入，也直接影响到当地的经济发展。因此，吸引企业投资，市场

---

① 吴鹤等. 解决我国文化产业融资难问题的策略[J]. 经济纵横，2013（1）：106.

行为规范化,建设文化创意产业园区,是白裤瑶染织类特需品发展的一条重要的外生之路。

首先,吸引企业投资。在资金紧张的情况下,可以通过优化营商环境、搭建平台,吸引社会资本与企业关注白裤瑶服饰,鼓励吸引多渠道的资金来源,形成财政资金投入和社会多元化资金投入相融合的机制。具体可以为:出台一系列倾斜政策,吸引地方投资到非遗、文化旅游等领域。同时,通过大力招商引资,积极引进具有一定知名度、实力、有丰富非遗开发经验的企业,充分发挥白裤瑶区位优势和资源优势,引进"非遗+科技""非遗+旅游""非遗+影视""非遗+节庆"等发展新模式,实现优势资本与优质资源有效对接。因为企业聚集了优秀的管理、设计、营销等专业技术人员,又有充足的资本和管理经验,所以它们是开展白裤瑶染织类特需品保护工作的中坚力量。

其次,规范市场行为。以白裤瑶染织类特需品的健康、可持续发展为先决条件,企业要承担起传承与保护的职责。这或许会给企业带来一定压力,因此,必须借助政府、专家、村民的力量。多方共同努力,才能实现创意与科技结合,而其中最为重要的是创新元素的融入。在建设与发展的过程中,要增强企业的创新意识,突出企业的特色,传播生态理念,避免急功近利,真正做到文化展示与民族特需品的发展共同进步。发展文化产业始终要坚持以市场为主,以政府为辅的发展方式,重视市场在资源调节中的基础性地位,坚持市场导向的发展方向。同时,建立文化企业的引进和退出机制,按照相关政策文件要求,对不合格的企业予以警告、整改、淘汰,使市场行为规范化,推动白裤瑶染织类民族服饰特需品品牌化发展,让这样有竞争力的企业在竞争中发展壮大。

因此,政府必须发挥主导作用,规范民间企业资本的准入标准,才能最大限度地发挥资金的作用。政府要积极探索多元化的筹资渠道,加强对白裤瑶染织类特需品的支持,鼓励社会资本、个人资本的参与,构建多元化、多渠道、多层次的资金支持体系,努力实现"政府投资+社会融资"的双重融资格局。

三、利用地方高校的优势，助力白裤瑶染织类特需品的创新发展

（一）联合高校，培养高端的设计型传承人

众所周知，传统的少数民族特需品的生产依赖的是传统的家庭小作坊。家族或家庭的口传身教式培养出来的技艺传承人缺乏创意思维，她们更多的是对传统技艺的传承。因此，要拓宽技艺传承人的培养方式，比如通过社会教育、学校教育等途径使白裤瑶染织技艺的传承多元发展。地方高校应当发挥学校规范的制度优势，充分利用师资力量与管理机制，"建立科学有效的非物质文化遗产传承机制。通过社会教育和学校教育，使非物质文化遗产代表作的传承后继有人"①。

广西是一个多民族地区，全区近百所高校设有不同层次的艺术院校学科，还有两所专业特色院校——广西艺术学院和广西民族大学，建议采取校企合作的方式，充分利用高校教育场所等资源的集中优势，在生产性保护过程中培养新一代白裤瑶染织技艺的传承人，从而提高白裤瑶服饰技艺在人才和技术领域的综合竞争力。具体措施为：前期可以采取自愿原则，由相关的白裤瑶染织类特需品制作企业或生产性保护基地推荐年轻员工到广西高校进行中短期教学培训，并接受高校相关专家的指导和教学，校企联合培养，可以有效地、直接地提高白裤瑶服饰手艺人的技术水平和艺术文化素养。中期可以定期培养高端传承人。区域内有相关研究领域最优秀的专家学者，定期为白裤瑶染织技艺高端传承人举办培训研讨会，可以更有效、更有针对性地提高他们的专业能力。传承人回到地方后，可以将所学的知识和技术发扬光大。后期可以充分利用各高校的教学资源，让白裤瑶染织技艺走进高校课堂，争取设立相关课程。高校学生是一个庞大又有潜力的群体，这对扩大白裤瑶染织类特需品从业人员的基数和质量起到非常好的作用。

此外，还可以在相关企业或生产性保护基地设立高校教学实习基地，这

---

① 国务院办公厅. 关于加强我国非物质文化遗产保护工作的意见[Z].2005-03-26.

不仅能增加高校的实践教学基地，学生还能通过参与白裤瑶染织类特需品的实际制作过程，在实践中培养新设计思维，而不再是纸上谈兵。同时，应定期邀请当地著名的专家学者到实践教学基地进行实践考察和现场教学指导，加强学校与企业之间的互动，给相关企业或生产性保护基地带来经济效益，也使瑶族染织类特需的发展后继有人。在这方面，广西艺术学院走在了前列，先后举办了中国非物质文化遗产传承人研修研习培训计划——广西少数民族织绣普及培训班、广西编织技艺（竹、藤、芒编）普及培训班、广西少数民族木构建筑营造技艺传承与创新设计研修班、广西少数民族染织绣技艺传承与创新设计研修班等，为非遗技艺的传承与创新发展作出了贡献。通过高校与地方政府、国家非遗传承人通力合作，为地方培养更多优秀的传承人，从而进一步提升传承人的技艺水平与创新能力，使非物质文化遗产保护传承工作上一个新台阶。

（二）开发文创产品，打造白裤瑶染织类特需品的品牌文化

国务院办公厅颁布了《关于加强我国非物质文化遗产保护工作的意见》的文件，指出传统作品需适应当代需求的方向，鼓励和支持传承人推动传统产品的功能转化。王文章曾指出市场在非遗生产性保护工作上的重要性："传承、创新和市场是构成生产性保护的三要素，缺一不可。若没有传承，就没有了根基；若没有创新，就没有源源不断的动力；若没有市场，生产性保护就会落空。"[①]"文化保护的问题不能单纯靠文化政策的干预来解决，文化再生产的问题需要依托于商品生产来实现。"[②]白裤瑶染织类特需品不仅具有很高的实用价值，而且还具备了相应的艺术性、民族性与地域性，对其进行创意产品开发与保护，将有助于实现其可持续发展。因此，要充分利用地方高校的智库优势，鼓励地方高校设计人才对白裤瑶染织类特需品进行相应

[①] 王文章. 非物质文化遗产概论（修订版）[M]. 北京：教育科学出版社，2013：328-329.

[②] 邱春林. 守住"核心技艺"——以大理白族扎染为例谈传统手工技艺的生产性方式保护[J]. 美术观察，2009（7）.

的再设计,并对其经典符号进行提取与创新设计,才能让本身具有较高经济效益的白裤瑶染织类特需品走上自我发展的道路。现在地方高校林立,而且很多都设立了设计学专业,比如广西的广西艺术学院、广西师范大学、广西民族大学、广西大学等,白裤瑶聚居的河池市的河池学院也设立了设计学专业。地方高校如果要实现特色发展,应当充分与地方联合,挖掘"在地"文化资源,促进高校的学科建设、学术研究特色化发展,这是一个双赢的发展模式。

  白裤瑶染织类特需品的文化创意产品设计包括图案创新型、卡通化创新型、平面要素立体化创意型这三大类。第一类,图案创新型。主要是在白裤瑶服饰、布料等平面上进行图案设计,将白裤瑶服饰经典符号进行提取并创新运用(如图6-20)。白裤瑶服饰中的图案符号很多。在这些图案符号中,首先选择具有代表性、易于开发、易于融入载体的图案符号,再对被选图案进行归类,可以根据这些图案将白裤瑶服饰的附属程度划分为两种。第一种是因白裤瑶服饰而专门创造出的图案,这类图案与白裤瑶服饰有着很大的关系。如最具特色的盘王印图案,在白裤瑶服饰中,盘王印图案最经常被使用,它就是白裤瑶服饰的"代言图案"。设计人员可以将盘王印图案运用在文化创意作品上,可经过抽象、变形、提炼等手法,从而呈现出各种形式和颜色的"盘王印"的图案。在白裤瑶服饰文创产品开发过程中,盘王印图案具有脱离白裤瑶服饰技艺并为白裤瑶服饰代言的能力,它也将会成为白裤瑶服饰鲜明的图案符号。第二种是指白裤瑶服饰吸收的一些日常生活中的图案,如植物、花卉、自然、动物等图案元素,由于其对白裤瑶服饰的依赖性较弱,可将其与白裤瑶服饰技艺结合起来,以突出白裤瑶服饰制作技艺的独特精湛。第二类,卡通化创新型(如图6-20、图6-21、图6-22)。通过传承人和当地农户绣娘们的参与,制作出具有卡通形象及色彩的绣花鞋、绣球、民族服饰等传统工艺品,并通过漫画、动画等可爱的表现形式,让年轻人对白裤瑶服饰产生浓厚的兴趣,并以此来激发他们对传统手工艺的热爱。第三种是平面要素立体化创意型。它主要是将白裤瑶服饰传统的平面形态、民族特色的图案要素加以立体的转换，赋予其特殊的实用价值和功能，这使得传统的图案形象更显鲜活。如白裤瑶服饰原本的几何、花鸟、树木等象征积极向上的平面图案，利用平面要素立体化的创意，将原来的几何图案转化为立体的"口袋"，既保留白裤瑶服饰原本的几何图案，又将几何图案立体化后的效果发挥到极致，让其更加实用。

图 6-20　白裤瑶图案形象创作

第六章
创新发展：白裤瑶染织类民族特需品发展路径探讨

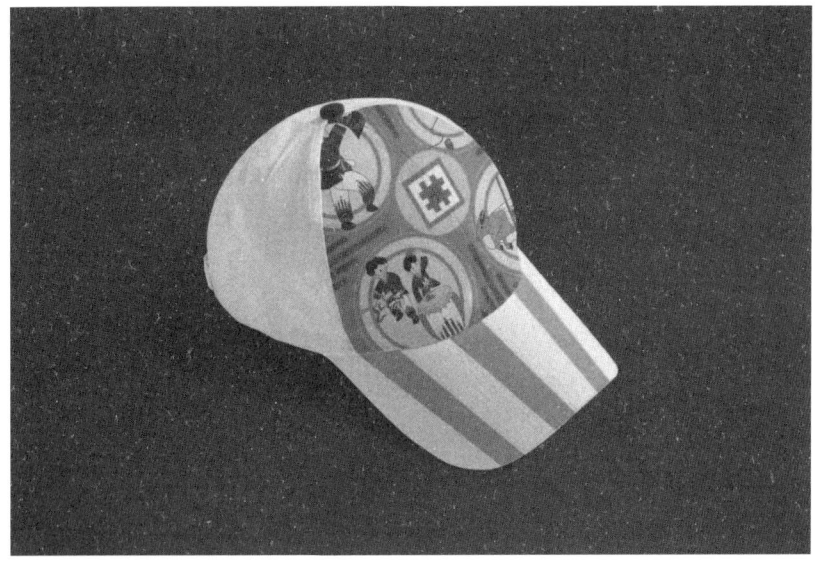

图 6-21　卡通帽子

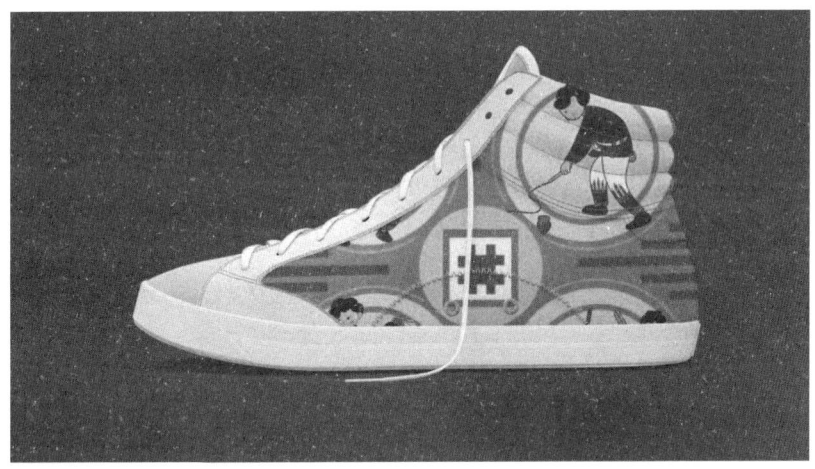

图 6-22　卡通形象鞋子

对白裤瑶染织类特需品进行文创产品的设计要立足于当下的时代特征、市场需求，对当下尚有借鉴意义的内容和表达方式进行改造，并赋予它新时代的内涵和新的表达方式。设计者可以根据客户群体的需求，开发不同层次的白裤瑶服饰文创产品（见图 6-23），以实现"增强其影响力和感召力"[①]的目的。在旅游文创产品开发时，民族特需品生产企业要善于挖掘地方优势，努力开发新产品，尤其是那种能够集民族特需品、旅游文创和工艺美术品于一身的新产品。开发出的新产品不仅能够传播白裤瑶服饰文化，还能体现出现代社会的审美观，既有实用价值，又有纪念意义。使其不仅被本地区的白裤瑶人使用，而且还能被其他民族的人使用，最好还能满足国际市场的需要。总之，坚持以大众为导向，以历史与传承、时尚与创新为品牌内涵，以文化、品质、价格为核心，并以多样化的传播形式，为白裤瑶染织类特需品的发展提供全新的营销模式。

图 6-23　卡通 T 恤衫

打造瑶族染织类特需品大众品牌，可以利用地方高校的智库优势，建立和完善白裤瑶染织类特需品的品牌推广策略，拓展国际市场销售渠道，开拓销售领域，进入英国、美国、日本、加拿大等国外市场，提高瑶族服饰文化

[①] 王艺霖. 习近平对中国传统文化的创造性转化和创新性发展以知行关系为例[J]. 党的文献，2016（1）.

品牌的国外市场知名度。随着互联网时代的到来，云计算、大数据、移动、人工智能等先进技术出现，先进的文化产品以及新的文化服务应人们新的生活方式相适应。白裤瑶染织类特需品要在原本合作的服饰、旅游等行业的基础上，运用现代表现手法，进一步深入融合到新闻传媒、广告设计、出版业、影视动漫、游戏业等各个行业，通过文化传播、价值扩散的方式实现传承与保护的目的。

参考文献

一、著作

[1] [日]竹村卓二. 瑶族的历史与文化[M]. 北京：民族出版社，2003.

[2] [韩]金仁喜. 白裤瑶族的社会与信仰[M]. 首尔：景仁文化社，2004.

[3] 费孝通. 费孝通民族研究文集[M]. 北京：民族出版社，1988.

[4] 庞新民. 两广瑶山调查[M]. 北京：中华书局，1935.

[5] 王文章. 非物质文化遗产保护研究[M]. 北京：文化艺术出版社，2007.

[6] 乌丙安. 非物质文化遗产保护：理论与方法[M]. 北京：文化艺术出版社，2010.

[7] 冯骥才. 田野的经验——中日韩非物质文化遗产保护方法论坛[M]. 北京：中华书局，2010.

[8] 康保成. 中国非物质文化遗产保护发展报告[M]. 北京：社会科学文献出版社，2013.

[9] 梁强，张巨勇，包和平. 中国少数民族特需用品发展研究[M]. 北京：电子工业出版社，2014.

[10] 玉时阶. 瑶族服饰[M]. 北京：北京科学技术出版社，2012.

[11] （南宋）范成大. 桂海虞衡志[M]. 胡起望，校注. 北京：中华书局，1986.

[12] 广西壮族自治区编辑组. 广西瑶族社会历史调查（九）[M]. 北京：民族出版社，北京：2009.

[13] 南丹县地方志编纂委员会. 南丹县志[M]. 南宁：广西人民出版社，1994.

[14] （清）李文琰. 庆远府志·杂志类·琐言：卷10[M]. 乾隆十九年刻本.

[15] 朱荣. 中国白裤瑶[M]. 南宁：广西民族出版社，1992.

[16] 廖明君. 石头山上有人家——广西南丹白裤瑶文化考察札记[M]. 南宁：广西人民出版社，2006.

[17] 谢明学. 中国白裤瑶风情录[M]. 西安：陕西旅游出版社，2001.

[18] 冯晓林. 历代画论经典导读[M]. 学术版. 长春：东北师范大学出版社，2018.

[19] （南朝宋）范晔. 后汉书：第十册[M]. 点校本. 李贤，注. 北京：中华书局，1965.

[20] （南宋）周去非. 岭外代答校注[M]. 杨武泉，校注. 北京：中华书局，1999.

[21] （明）宋应星. 天工开物[M]. 长春：吉林人民出版社，1999.

[22] （明）李时珍. 本草纲目[M]. 北京：中国医药科技出版社，2016.

[23] （清）吴其濬.《植物名实图考》校注[M]. 侯士良，等，校注. 郑州：河南科学技术出版社，2015.

[24] （明）方以智. 物理小识[M]. 陈文涛，笺证. 北京：商务印刷馆，1936.

[25] 瞿明安. 象征人类学理论[M]. 北京：人民出版社，2014.

[26] [英]道格拉斯. 洁净与危险[M]. 黄剑波，柳博赟，卢忱，译. 北京：民族出版社，2008.

[27] 邓启耀. 民族服饰：一种文化符号：中国西南少数民族服饰文化研究[M]. 昆明：云南人民出版社，1900.

[28] 邓启耀. 衣装秘语：中国民族服饰文化象征[M]. 成都：四川人民出版社，2005.

[29] 杨鵾国. 苗族服饰——符号与象征[M]. 贵阳：贵州人民出版社，1997.

[30] 杨鵾国. 符号与象征——中国少数民族服饰文化[M]. 北京：北京出版社，2000.

[31] 祁庆福. 中国少数民族吉祥物[M]. 成都：四川民族出版社，1999.

[32] [英]维克多·特纳. 象征之林：恩登布人仪式散论[M]. 北京：商务印书馆，2006.

[33] 王宏刚，荆文礼，王国华. 萨满舞蹈及其象征[M]. 沈阳：辽宁人民出版社，2002.

[34] 郭沫若. 甲骨文字研究·释祖妣[M]. 北京：人民出版社，1952.

[35] [奥地利]弗洛伊德. 心理哲学[M]. 杨韶刚，译. 北京：九州出版社，2008.

[36] 赵国华. 生殖崇拜文化论[M]. 北京：中国社会科学出版社，1990.

[37] [日]幸德秋水. 基督何许人也[M]. 马采，译. 北京：商务印书馆，1982.

[38] 刘红婴. 非物质文化遗产的法律保护体系[M]. 北京：知识出版社，2014.

[39] 玉时阶. 瑶族文化变迁[M]. 北京：民族出版社，2005.

[40] 黄淑聘，龚佩华. 文化人类学理论方法研究[M]. 广州：广东高等教育出版社，1998.

[41] 玉时阶. 瑶族文化变迁 [M]. 北京：民族出版社，2005.

[42] [德]格罗塞. 艺术的起源[M]. 蔡慕晖，译. 北京： 商务印书馆，1998.

[43] 广西壮族自治区编辑组，《中国少数民族社会历史调查资料丛刊》

修订编辑委员会. 广西瑶族社会历史调查（3）[M]. 北京：民族出版社，2009．

[44] 苑利，顾军. 非物质文化遗产学[M]. 北京：北京高等教育出版社，2009.

[45] 段宝林. 非物质文化遗产精要[M]. 北京：中国社会文献出版社，2008.

[46] 向云驹. 人类口头非物质遗产[M]. 银川：宁夏人民教育出版社，2010.

[47] 刘锡诚. 非物质文化遗产：理论与实践 [M]. 北京：学苑出版社，2009.

[48] 王文章. 非物质文化遗产概论[M]. 北京：文化艺术出版社，2006.

[49] 瞿明安. 沟通人神：中国祭祀文化象征[M]. 成都：四川人民出版社，2005.

[50] 向云驹. 人类口头与非物质文化遗产[M]. 银川：宁夏人民教育出版社，2004.

[51] 王文章. 非物质文化遗产概论[M]. 北京：文化艺术出版，2006.

[52] 周少华. 中国白裤瑶民族服饰[M]. 北京：化学工业出版社，2015.

[53] 伍永田. 原原本本白裤瑶[M]. 南宁：广西美术出版社，2007.

二、论文

[1] 杨韶艳. "一带一路"建设背景下对民族文化影响国际贸易的理论探讨[J]. 西南民族大学学报（人文社科版），2015（6）.

[2] 彭家威. 生态博物馆及其文化旅游产业的发展[J]. 河池学院学报，2007（2）.

[3] 王冰，那日. 搞好民族特需商品生产 促进民族地区四化建设[J]. 中央民族学院学报，1980（8）.

[4] 杨琤,张丽君. 永不消逝的旋律——少数民族特需商品传统生产工艺和技术保护工程巡礼之四[J]. 中国民族, 2009（4）.

[5] 康军. 少数民族地区特色优势产业分析——以甘肃省临夏回族自治州为例[J]. 湖北民族学院学报（哲学社会科学版）, 2015（4）.

[6] 张俊星,李敏,徐国凯,等. 少数民族特需用品濒危状况及保护对策研究[J]. 民族论坛, 2014（8）.

[7] 刘魁立. 文化生态保护区问题刍议[J]. 浙江师范大学学报, 2007（3）.

[8] 潘定红. 民族服饰色彩的象征[J]. 民族艺术研究, 2002（2）.

[9] 白庚胜. 神话与象征——以东巴神话为例[J]. 百色学院学报, 2009（10）.

[10] 王璟. 白裤瑶文化研究[D]. 贵阳：贵州大学, 2019.

[11] 刘世军,蒋志龙. 白裤瑶服饰技艺及其文化内涵解读[J]. 丝绸, 2015（9）.

[12] 索昕煜. 傣族非物质文化遗产剪纸艺术的静态保护和活态传承[J]. 中国民族博览, 2017（5）.

[13] 王文章. 简谈传统手工技艺的生产性保护[J]. 中华文化画报, 2010（9）.

[14] 李雅日. "画""绣"合一的白裤瑶服饰图形文化蕴含与艺术特征[J]. 装饰, 2012（5）.

[15] 杨志蓉,纪俊玲,陈东梅,等. 白裤瑶服饰制作流程中植物染料的染色技艺（一）[J]. 印染, 2018（10）.

[16] 张明学,姚蔼萍. 广西白裤瑶民族服饰及图案探究[J]. 艺术探索, 2012（6）.

[17] 玉时阶. 瑶族传统服饰工艺的传承与发展[J]. 广西民族大学学报（哲学社会科学版）, 2008（1）.

[18] 李雅日. 以刀为笔绘乾坤——白裤瑶粘膏画传统技艺调查研究[J]. 装饰, 2014（6）.

[19] 冯智明. 族群历史记忆的身体再现——红瑶身体装饰的文化表达研究之一[J]. 广西民族研究，2011（4）.

[20] 冯智明. 族群历史记忆的身体再现——红瑶身体装饰的文化表达研究之二[J]. 广西民族研究，2012（2）.

[21] 杨昌国，李宁阳. 历史·记忆·情感·符号——西江苗族服饰文化的文化人类学阐释[J]. 原生态民族文化学刊，2020（2）.

[22] 刘至娟. 白裤瑶"油锅"组织及其社会功能——以广西南丹县里湖瑶族乡怀里村为例[J]. 广西民族大学，2009.

[23] 张志雁. 非物质文化遗产视域下民间美术的活态传承研究[J]. 文学创新比较研究，2018（25）.

[24] 潘定红. 民族服饰色彩的象征[J]. 民族艺术研究，2002（2）.

[25] 郭于华. 社会变迁中的儿童食品与文化传承[J]. 社会学研究.1998（1）.

[26] 田茂军. 湘西苗族剪纸的分类及其文化内涵[J]. 吉首大学学报，2001（3）.

[27] 向柏松. 南方民族自然生人型创世神话与民俗文化中的象征[J]. 中南民族大学学报（人文社会科学版），2004（4）.

[28] 北京市文化局社文处，北京群众艺术馆，北京市西城区文化馆. 非物质文化遗产纵横谈：北京市非物质文化遗产保护工作高级研讨班论文集[C]. 北京：民族出版社，2007.

[29] 玉时阶. 也谈瑶族民间工艺[J]. 民族艺术，1991（1）.

[30] 廖军，许星. 黔东南荔波地区白裤瑶服饰艺术探析[J]. 丝绸，2010（11）.

[31] 雷文彪. 广西南丹白裤瑶服饰艺术的审美人类学考察[J]. 新乡学院学报（社会科学版），2012（5）.

[32] 温远涛. 白裤瑶服饰文化的意义与象征[J]. 河池学院学报（哲学社会科学版），2006（1）.

[33] 韦静涛. 白裤瑶服饰文化传承与发展[J]. 电影评介，2009（13）.

[34] 徐金文. 斑斓的记忆——白裤瑶服饰研究[J]. 河池学院学报，2007（4）.

[35] 谢军. 一部穿在身上的民族简史——广西白裤瑶服饰图案简析[J]. 魅力中国，2009（28）.

[36] 佘莉. 白裤瑶少数民族服饰的美学价值[J]. 上海工艺美术，2006（1）.

[37] 玉时阶. 瑶族服饰图案纹样的文化内涵[J]. 广西民族学院学报（哲学社会科学版），1994（1）.

[38] 张玉华. 白裤瑶服饰文化的保护与开发策略探析[J]. 艺海，2014（3）.

[39] 杨璞. 白裤瑶纺织工艺文化研究——以广西南丹县里湖瑶族乡瑶里屯为例[D]. 南宋：广西民族大学，2013.

[40] 雷文彪. 桂黔白裤瑶服饰艺术的审美人类学考察[J]. 克拉玛依学刊，2012（5）.

[41] 刘朝晖. 文化旅游开发中的"人类学参与"[J]. 旅游学刊，2012（10）.

[42] 瞿明安. 论象征的基本特征[J]. 民族研究，2007（5）.

[43] 张卫民. 我国非物质文化遗产保护新路向——非物质文化遗产教育探索[J]. 民族艺术研究，2005（5）.

[44] 何星亮. 中国传统文化的象征体系[J]. 中南民族大学学报，2003（6）.

[45] 姚正晴，张小亮. 广西白裤瑶服饰纹样在产品包装中的运用[J]. 美术教育研究，2014（9）.

[46] 张玉华. 白裤瑶服饰文化的保护与开发策略探析[J]. 艺海，2014（3）.

[47] 罗起联，吴存彬. 白裤瑶服饰元素在现代家居室内装饰设计中的运用[J]. 大众文艺，2013（12）.

[48] 雷文彪. 广西南丹白裤瑶服饰艺术的审美人类学考察[J]. 新乡学院学报（社会科学版），2012（5）.

[49] 李运涛. 白裤瑶，一个民族的奇迹[J]. 中国民族博览，1997（5）.

[50] 王小营，徐建德. 瑶服饰图案的美学特征——以广西南丹县白裤瑶为例[J]. 艺术探索，2009（2）.

[51] 王希辉. 泰国瑶族研究的一部力作——《泰国瑶人——过去、现在和未来》评介[J]. 世界民族，2008（1）.

[52] 温远涛. 白裤瑶服饰文化的意义与象征[J]. 河池学院学报（哲学社会科学版），2006（1）.

[53] 玉时阶. 白裤瑶的宗教信仰[J]. 广西民族研究，1987（3）.

致 谢

白裤瑶，是南丹文化名片上的民族瑰宝。它保留了较完好的原生态文化，其服饰文化更是灿烂夺目，堪称中国民族服饰之林的一朵"奇葩"。我对白裤瑶的兴趣纯属偶然，因为我在学校上了一门民间工艺美术课，经常带领学生做扎染，后来从网上看到白裤瑶有一种特殊的靛染技艺——粘膏染，它来自于南丹当地一种特有的粘膏树。于是，就兴致勃勃地去那里转了一圈，感受到白裤瑶对这种传承染织技艺的热爱以及对本民族服饰的认同，后来就写了一个申报书，探讨如何保护与传承好它，并于2018年获得教育部西部项目立项，课题名称为"族群记忆与文化认同：白裤瑶服饰技艺的活态传承及其染织类特需品创新路径研究"（编号：18XJCZH004）。

南丹白裤瑶，地处偏远，在这个交通发达的时代，从广西崇左至南丹也要花8小时左右，如若不自己驾车，想要去往各个寨子考察，那是非常不便的。但是为了课题研究的需要，从2018年至2021年间，我和课题组成员多次来到南丹白裤瑶调查、采访和构思，采访了白裤瑶非遗传承人何金秀、黎凤珍、黎秀英等，从与她们的交谈中，我们对白裤瑶的历史背景、服饰符号、服饰手工艺、服饰的传承发展现状等有了更深入的认识，为撰写白裤瑶的前世今生、白裤瑶染织技艺、白裤瑶族服饰技艺的活态传承等章节提供了很好的资料依据。在与白裤瑶人相处的那段时间里，我深深地感受到了白裤瑶人淳朴、勤劳、大方、热情好客的精神品质，让我对白裤瑶的民俗风情有了更为深入的体会。当然，最为深入系统地了解白裤瑶文化，要数参观南丹白裤瑶生态博物馆，里面保存了很多的白裤瑶服饰文化、寨居文化、丧葬文化、神鬼传说教学和影像资料，给我课题的研究提供了很多史料和依据。

本书主要从"族群记忆"和"文化认同"角度出发，通过对白裤瑶历史背景、文化内涵、服饰符号等方面进行考察，探讨其对于凝聚族群认同，实现民族文化自信的意义，找到白裤瑶民族特需品的现代发展路径，在传承与保护白裤瑶服饰技艺的同时，发展其民族特需品，为提高我国国家文化软实力提供依据。希望通过此书的出版，让更多的人关注白裤瑶、了解白裤瑶服饰文化，体味白裤瑶丰富多彩的民族文化。

在课题研究期间，我遇到很多难以解决的问题，在这里特别要感谢老师刘世军教授给予的诸多鼓励和指导，跟随刘教授几次到白裤瑶村寨考察，总能从他研究白裤瑶文化的视角学到很多，他对我在白裤瑶服饰文化人类学考察方面和生产性保护方面的研究提出了许多宝贵的意见。刘教授以他渊博的知识和深刻的见解为我解惑，促使我的课题研究顺利完成，也非常感谢刘教授在百忙之中为本书撰写序言。同时，还要感谢课题组成员张可老师撰写了白裤瑶服饰的装扮特征这一章中部分小节，以及白裤瑶服饰技艺的活态传承方式这部分的资料整理和撰写。感谢靳森媛老师对白裤瑶的人口分布与村寨组织等进行了资料整理和撰写；感谢梁穆穆老师搜集了白裤瑶的宗教信仰方面的资料以及撰写。最后一章"白裤瑶染织类民族特需品创新发展路径研究"则是委托广西师范大学硕士研究生林欣欣同学独立完成。

此外，感谢在考察过程中给我提供诸多帮助的白裤瑶村民，要特别感谢白裤瑶非遗传承人何金秀、黎凤珍、黎秀英为我提供了图片、影像、服饰工艺制作等多方面的资料依据，祝你们生活幸福。我相信我还会来到这美丽的南丹。

本课题的研究具有强烈的时代性与针对性，目的是弘扬中华优秀传统文化，保护地方非物质文化遗产。由于时间和水平有限，本书存在诸多不足之处，恳请各界人士指正。

黄三艳

2022 年 4 月 9 日